MOFAS UND MOPEDS

IN DEUTSCHLAND 1965–2000

Frank Rönicke

Motor buch Verlag

Einbandgestaltung: Luis dos Santos

Dieser Buchtext wurde von einem Menschen ohne jegliche Zuhilfenahme künstlicher Intelligenz erstellt.

Abbildungen: Archiv Frank Rönicke, Hersteller, doccolor.de, André Paepenmöller, Wikimedia Commons

ISBN: 978-3-613-04663-4

1. Auflage 2024

Sie finden uns im Internet unter www.motorbuch-verlag.de

Lektorat: Joachim Kuch
Innengestaltung: Jürgen Knopf, 74321 Bietigheim-Bissingen
Druck und Bindung: DZS GRAFIK d.o.o, 1210 Ljubljana
Printed in Slovenia

Inhalt

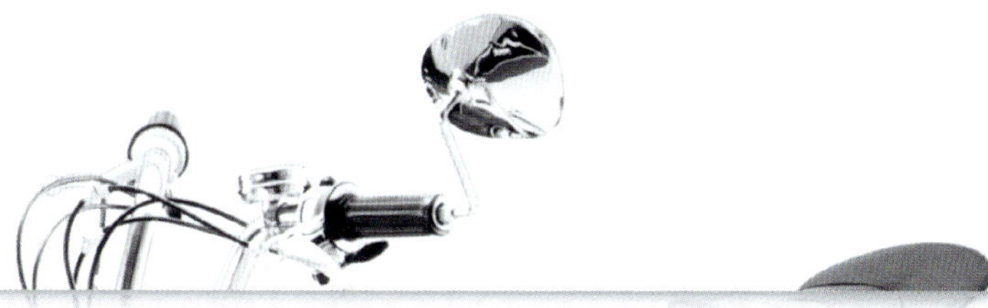

Vorwort

»Ein einfaches Fahrzeug, meist recht schlicht gehalten, zuweilen aber in buntem Pop-Design ein wenig aufgepeppt, das seine Zielgruppen quasi von alleine fand: Jugendliche in der Vor-Autozeit, Frauen ohne Führerschein, Männer mit entzogenem Führerschein, hartnäckige Autoverweigerer meist fortgeschrittenen Alters, Angler, Camper, Wald- und Forstarbeiter.« So beschrieb der Fahrzeughistoriker Manfred Nabinger einst mit wenigen Worten die ganze Mofawelt, wie sie jahrzehntelang existierte. In anderen Ländern längst etabliert und von deutschen Herstellern vehement gefordert, schaffte der Gesetzgeber ab April 1965 endlich auch in Deutschland eine wieder führerscheinfreie und unterhalb des Mopeds angesiedelte Fahrzeugklasse. Aber während in anderen Ländern für Mofas Höchstgeschwindigkeiten von 30 oder gar 40 km/h galten, durften es im übervorsichtigen Deutschland nur 25 km/h sein. Die überlebenden Hersteller motorisierter Zweiräder rüsteten ihre immer noch im Angebot verbliebenen Mopeds um, drosselten die Motoren und reduzierten gegebenenfalls die Getriebegänge. Erst zum Ende der 1960er Jahre hin kam das Angebot mit neuen Mofa-Modellen in Schwung. Und das Mofa-Moped-Verhältnis drehte sich um: Mofas wurden zur konstruktiven Basis, Mopeds nur noch die Ableger für eine kleine, aber treue Minderheit. Und das bis weit in die 90er Jahre hinein. 1970 tummelten sich schon rund zweieinhalb Millionen Mofas auf deutschen Straßen, Tendenz steigend. Einen hohen Anteil daran hatten Billigfahrzeuge, die aus Osteuropa, aber auch aus Italien oder Frankreich auf den deutschen Markt schwappten und vielfach über Versandhäuser und Warenhausketten vertrieben wurden. Zwar erreichten die Verkaufszahlen nach 1980 nicht mehr das Niveau vergangener Jahre, aber erst die Abschaffung der Tretkurbelpflicht im Frühjahr 2002 bereitete den klassischen Mofas und Mopeds endgültig den Garaus.

Für die Bereitstellung diverser Bilder bedanke ich mich bei André Paepenmöller (der »Sonnengelbe«) und für die Unterstützung bei der Texterstellung bei Michaela Hesslinger aus Igersheim.

Frank Rönicke

Einführung

Die ab 1953 in Deutschland mit in den Himmel schießenden Produktionszahlen startende Mopedfertigung basierte nicht etwa auf den Ideen hiesiger Zweiradproduzenten. Abgesehen von ersten Versuchen mit Kleinrollern, die von Zweitaktmotoren mit Hubräumen zwischen 30 und 75 cm³ angetrieben wurden, waren es doch italienische und französische Hersteller, die schon Ende der 1940er Jahre mit kleinen, motorgetriebenen Fahrzeugen auf den Markt kamen, die später in Deutschland dem Fahrzeugtyp Moped entsprachen. So bot etwa die französische Firma Rocher bereits 1950 die Modelle Cucciolo mit Tankrahmen und Hinterradschwinge und Carley mit Doppelschleifen-Rahmen, Vorderradschwinge und Fußrasten an. Und Velosolex baute im selben Jahr bereits 150 000 Exemplare ihres bis heute bekannten »Cyclomoteur«. Ein Begriff, der im Französischen für die Einheit von Fahrrad und 50-cm³-Motor stand. In Italien boten verschiedene Hersteller erste 50er mit dem Cyclex-Fahrradmotor an, während Garelli mit seinem Moskito-Motor, der ebenfalls als Einbaumotor etwa für Peugeot diente, eine Spitzenposition einnahm. »Motoleggera« nannten sich diese Fahrzeuge in Italien, von denen es 1952 schon eine kaum noch überschaubare Markenvielfalt mit rund 100 000 gebauten Modellen gab.

> *Kreidlers K 50 war 1951 eigentlich Deutschlands erstes echtes Moped, das es dann aber auf Grund bürokratischer Irrungen doch nicht sein durfte.*

> *Velosolex baute bereits 1950 rund 150.000 Exemplare seines berühmten Cyclomoteur.*

> *Die Quickly von NSU gehörte 1953 zu den ersten und besten Mopeds auf dem deutschen Markt.*

In Deutschland war es Alfred Kreidler, der 1951 mit der K 50 auch gleich den europäischen Klassenprimus baute; ein Fahrzeug, das zum Vorbild einer kommenden Generation wurde. Lediglich Rabeneick brachte 1952 mit dem »Taxi« ein noch sehr fahrradähnliches Fahrzeug mit einem Cyclemaster-Motor am Hinterrad heraus. Und die Zeitschrift *Das Motorrad* bemängelte noch im Januar 1953, dass man in Deutschland keine eigenständige Bezeichnung für derartige Fahrzeuge hatte. Wobei die Behörden nur schwer davon zu überzeugen waren, dass es sich eben nicht um Fahrräder mit Hilfsmotoren handelte.

Ein Preisausschreiben des Verbandes der Fahrrad- und Motorrad-Industrie (VFM) förderte dann den Begriff »Moped« zutage, der sich aus Motor und Pedale zusammensetzte. Der Einbaumotoren-Spezialist Ilo aus Pinneberg soll den Begriff angeregt haben. Am 23. Januar gab der Verband diesen Begriff offiziell heraus, und die Behörden begannen umgehend, nach neuen Beschränkungen zur weiteren Führerscheinfreiheit für die Mopeds zu suchen, deren Zahl nun auch in Deutschland rasant anstieg.

Das Moped

Bei der führerscheinfreien 50-cm³-Grenze hatte der Gesetzgeber ursprünglich nur an Fahrräder mit Hilfsmotoren gedacht; jetzt entstanden motorradähnliche Gefährte mit ganz anderen Fahrleistungen. Der Verband der Fahrrad- und Motorradindustrie (VFM) und der Gesetzgeber sahen sich gezwungen, die Situation neu zu überdenken. Heraus kam die führerscheinfreie Klasse der Fahrräder mit Hilfsmo-

> *Eines der letzten deutschen Mopeds: Das Hercules Optima 3 S von 1993 mit 2-Gang-Handschaltung und gut 3 PS.*

toren, deren Gesamtgewicht auf 30 kg (plus 10 % Toleranz) begrenzt wurde. Außerdem musste die Tretkurbellänge mindestens 125 mm und der Durchmesser des Hinterrades mindestens 580 mm betragen. Die Gesetzgebung trat rückwirkend zum 1. Januar 1953 in Kraft. Im Herbst des gleichen Jahres waren bereits 26 Hersteller mit solchen Fahrzeugen auf dem Markt. Etwa 100 000 wurden noch 1953 verkauft. 1956 – auf dem Höhepunkt der Mopedfertigung in Deutschland – waren es mit 53 bereits mehr als doppelt so viele Produzenten, und über eine Million Fünfziger befuhren Deutschlands Straßen. 1960 hatte sich auch diese Zahl verdoppelt; die Hersteller nahmen aber schon wieder stetig ab. Denn die Motorradkrise seit Mitte der 1950er Jahre stürzte so manchen Produzenten – darunter namhafte Traditionsunternehmen – in den Konkurs. Mopeds alleine konnten oft nicht helfen, waren andrerseits für viele Hersteller aber eine lebensverlängernde Maßnahme. Und wer sich 1953/54 ohne Erfahrung und Vertriebsnetz in den Mopedmarkt gestürzt hatte, war bald nicht mehr konkurrenzfähig. Denn die Entwicklung der Jahre 1953 bis 1956 als rasant zu bezeichnen, wäre schlicht untertrieben.

Ab März 1956 musste sich niemand mehr nach den 33 kg recken (was sowieso kaum noch jemand getan hatte), die Gewichtsformel für Mopeds in Deutschland war aufgehoben worden. Dafür hatte der Gesetzgeber dieser Klasse eine Geschwindigkeitsobergrenze von 40 km/h gesetzt, die die meisten Mopeds längst erfüllten. Mit der Aufhebung der 33-kg-Formel wurden die Fahrwerke stabiler und komfortabler. Allradfederung war ebenso Pflicht wie ein kräftiger, verwindungssteifer Rahmen. Bei Letzterem kamen mehr und mehr Pressstahlteile zum Einsatz. DKW brachte 1956 das erste Dreigang-Moped auf den Markt – da kam dann auch bald kein Hersteller mehr dran vorbei. Und die Ausstattungen wurden ebenfalls immer aufwän-

diger und luxuriöser: Der Sitzbank-Sattel ergänzte den Fahrradsattel, die Antriebskette lief in einem geschlossenen Kasten, ein Gepäckträger musste sein, gerne auch Weißwandreifen und eine schicke Zweifarblackierung.
Da es dabei nun keine Rolle mehr spielte, ob das Fahrzeug Pedale oder Fußrasten hatte, verschwanden Mopeds zu Beginn der 1960er Jahre fast ganz vom Markt - das Mokick hatte diesen Part übernommen. Sie verschwanden aber eben nicht ganz. Und als in der zweiten Hälfte der 1960er Jahre der Mofaboom einsetzte, war es für die Hersteller einfach, aus einer Fahrzeugentwicklung heraus gleichzeitig ein Mofa und ein Moped zu kreieren - oft nur mit unterschiedlichen Antrieben. So gab es die Klasse der Mopeds noch bis weit in die 90er Jahre hinein.
Wer 16 Jahre alt war, durfte ein Moped fahren, sofern er oder sie den Führerschein Klasse 5 (war ab 1960 eingeführt worden) erworben hatte. Der war sehr leicht zu bekommen, es gab lediglich eine einfache Fragebogenprüfung über Verkehrsfragen - kein Fahrschulbesuch, keine Fahrprüfung!
Mopeds waren zulassungs- und steuerfrei und brauchten keinen TÜV. Eine Haftpflichtversicherung war notwendig, das entsprechende Kennzeichen war am Fahrzeugheck anzubringen.
Waren Mopeds zu Beginn der 70er Jahre noch recht gut nachgefragt, verloren sie im Laufe der Zeit zunehmend an Bedeutung. Zum Vergleich: 1993 wurden in Deutschland 33.254 Mofas verkauft, aber nur 1.629 Mopeds - Tendenz fallend. Dennoch hielten ein paar wenige Hersteller bis zur Jahrtausendwende an dieser Klasse fest.

Das Mofa

Mit der Geburt des Mopeds war dessen Schöpfern ein genialer Schachzug gelungen. Weder vorher noch danach hat es in der Geschichte des Kraftfahrzeugbaus eine Fahrzeuggattung geschafft, innerhalb weniger Jahre ein solches Millionenpublikum zu gewinnen.

> *Das Express 25 von 1965 war eines der ersten deutschen Zweiräder, das in die neu geschaffene Klasse Mofa 25 passte.*

Und kaum ein Motorfahrzeug hat in kürzester Zeit so rasante Entwicklungssprünge gemacht wie das Moped, die dann allerdings auch zu seinem Problem wurden. Denn aus dem einfachen, anfangs noch sehr fahrradähnlichen Einpersonen-Transportmittel entwickelte sich das Moped mittels leistungsgesteigerter Motoren, Mehrganggetrieben, kleineren Rädern, verbesserten Federungen, Doppelsitzbänken usw. immer mehr von sich selbst weg, im Design aber immer mehr hin zum sportlichen Motorrad. Zu Beginn der sechziger Jahre war das klassische Moped nahezu ganz vom Markt verschwunden. Und damit der preiswerte Einstieg in die Motorisierung, wie ihn seine Protagonisten zehn Jahre zuvor angestrebt hatten. Als die Hersteller merkten, dass es ihr einfaches Moped praktisch nicht mehr gab, eine Kundschaft jenseits der jugendlichen Mokick- und Kleinkraftradfahrer dafür aber schon noch, blieb ihnen nichts anderes übrig, als das Moped noch einmal neu zu erfinden. Nur hieß es jetzt Mofa! Eine Bezeichnung, die es bis in die fünfziger Jahre hinein schon einmal für pedalisierte Leichtmotorräder mit 98er Sachs- oder Ilo-Motor gegeben hatte und die damals vom Moped abgelöst worden waren.

Den Anfang machte 1961 die Schweiz. Die Regierung von Töff-Land führte eine Regelung ein, wonach Zweiradfahrzeuge mit einer Höchstgeschwindigkeit von 30 km/h und einem Maximalgewicht von 40 kg steuer- und führerscheinfrei ab 14 Jahren gefahren werden durften.

In Deutschland sprach man ab dem 23. April 1965 offiziell vom Mofa als Abkürzung von Motorfahrrad, wenngleich die Motorpresse und die Hersteller Ähnliches schon viel früher gefordert hatten. Und damit es keine Verwechslungen gab, wurde noch der Zusatz 25 in die neue Klassenbezeichnung mit aufgenommen und damit gleich die gesetzlich festgelegte Höchstgeschwindigkeit genannt. Höchstens 50 cm³ Hubraum waren natürlich ebenfalls obligatorisch. Ein solches Fahrzeug durfte in Deutschland anfangs ab 16 Jahren – ab 1969 dann ab 15 Jahren – und (zunächst) ohne Führerschein gefahren werden.

Mofas waren zulassungs- und steuerfrei und benötigten auch keine regelmäßige TÜV-Überprüfung. Eine Haftpflichtversicherung musste jedoch abgeschlossen und ein entsprechendes Kennzeichen an der Mofa-Rückseite getragen werden.

Die Bedienung dieser Fahrzeuge war möglichst einfach gestaltet, durch die (oft) automatische Kupplung musste im Fahrbetrieb nur Gas gegeben oder gebremst werden. Zwei- und Dreiganggetriebe erweiterten das Programm und machten die kleinen Maschinen ebenso teurer wie Chrom, Gussfelgen oder Drehzahlmesser. Wie damals bei

< Maximal 30 km/h durften die äußerst beliebten Mofas in Frankreich fahren, für den deutschen Markt musste auf 25 km/h gedrosselt werden.

> Die Vespa-Mofas und Mopeds des italienischen Piaggio-Konzerns überfluteten ab Ende der 60er Jahre den europäischen Markt.

> Ad absurdum geführt: Das Enduro-Mofa hai 25 von Zündapp mit Cockpit, Drehzahlmesser und Dreiganggetriebe.

den Mopeds kamen Sport- und Enduromofas um 1980 herum in Mode, die das Konzept erneut ad absurdum führten. Im Preiskampf der Wettbewerber spielten diese Fahrzeuge aber bald nur noch eine untergeordnete Rolle.

Ab April 1980 wurde ein Mofa-Führerschein (offiziell »Prüfbescheinigung«) eingeführt, der mit dazu führte, dass der Absatz in Deutschland rapide abnahm. In der Praxis bedeutete dies, wer vor dem 1. April 1980 15 Jahre alt wurde, durfte ohne die (theoretische) Prüfung Mofa fahren, alle danach Geborenen mussten die Prüfbescheinigung vorweisen. Wurden 1979 noch fast 165 000 Mofas allein in Deutschland produziert, waren es 1981 nur noch halb so viele.

Ab Oktober 1985 galt für Mofafahrer Helmpflicht! Und nun sackten die Verkaufszahlen erst recht ab.

Das Mofa als Fahrzeugklasse blieb auch nach Ende des Mofatrends relevant – von herkömmlichen Kleinkrafträdern wurden auf 25 km/h gedrosselte, einsitzige Fahrzeuge abgeleitet. Mit dem endgültigen Wegfall der Drehzahlbegrenzung und Tretkurbelpflicht durch die EG-Richtlinie 2002/24/EG vom 18. März 2002 setzten sich gedrosselte Ausführungen moderner Kleinroller mit Keilriemen-Getriebe, Elektrostarter und einer Fliehkraftkupplung durch und verdrängten die letzten klassischen Mofas vom Markt. Einige Fahrzeuge ohne Tretkurbeln wurden bereits vor 2002 per Ausnahmegenehmigungen als Mofa zugelassen, zum Beispiel Simson-Fahrzeuge. Mofas füllen heute noch eine Marktnische, da Führerscheinfreiheit besteht und das Mindestalter zum Fahren noch immer bei nur 15 Jahren liegt.

1987 bis 1993 wurde in Deutschland die Klasse der Leichtmofas etabliert – für fahrradähnliche Mofas mit einem Leergewicht von bis zu 30 kg und einer Höchstgeschwindigkeit von 20 km/h. Die Klasse existiert zwar noch im rechtlichen Sinn, Anbieter gibt es in Deutschland jedoch schon längst nicht mehr.

50er in der DDR

In der DDR war das letzte Moped mit Pedalen, der »Spatz« von Simson, 1967 vom Band gelaufen. Aber es spielte keine Rolle: In der DDR durften alle 50-cm³-Fahrzeuge – mit Ausnahme des Sperbers – ab 15 Jahren und nach dem Erwerb des »Mopedführerscheins« gefahren werden. Die theoretische und die praktische Prüfung dazu waren leicht zu bewältigen.

Mit einem Mofa hatte man es in Suhl auch versucht, aber anders als in westlichen Gefilden zündete diese Fahrzeugkategorie im Osten nicht so richtig.

Wenn auch mit bescheidenen Stückzahlen war Simson, einst größter 50er-Produzent Europas, am Ende die letzte deutsche Marke, die noch selbst Mofas zusammenschraubte.

Zu diesem Buch

Die schiere Menge an Mofas und Mopeds, vor allem in den 70er und 80er Jahren, macht es nahezu unmöglich, jedes einzelne Modell in Wort und Bild darzustellen. Dennoch wird hier der Versuch unternommen, eine möglichst lückenlose Aufzählung aller relevanten Hersteller und ihrer Modelle im genannten Zeitraum zu präsentieren. Dabei wird jeweils chronologisch vorgegangen, Mofas und Mopeds werden nicht getrennt vorgestellt. Die im Zuge des Rollerbooms in den 90er Jahren auch mit einigen Mofas auf den deutschen Markt kommenden Hersteller aus China, Taiwan, Indien oder Südkorea bleiben aus Platz- und Interessensgründen unerwähnt.

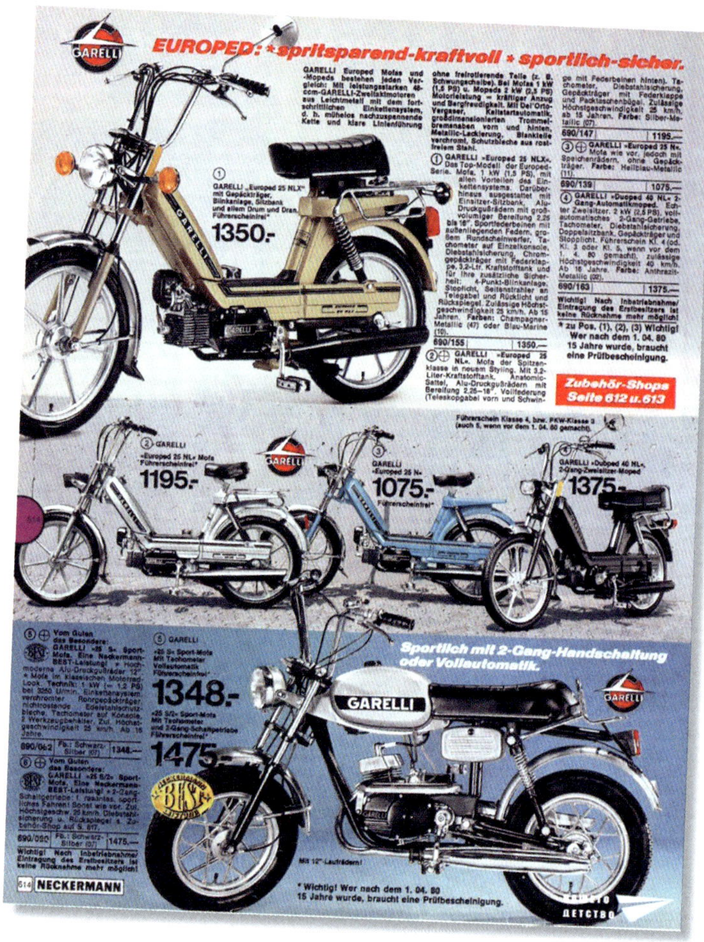

> *Mofas und Mopeds des italienischen Herstellers Garelli im Neckermann-Versandkatalog Mitte der 70er Jahre.*

Die von deutschen Versand- und Warenhäusern angebotenen Fahrzeuge werden – anders als in zeitgenössischen Katalogen – nicht unter der Bezeichnung des Vertreibers, sondern unter der des Herstellers (z. B. Batavus, Garelli, Solo usw.) aufgeführt. Der Bezug zu den Handelshäusern wird jeweils hergestellt.

Für die angegebenen Produktionszeiträume kann keine Gewähr übernommen werden; in der Regel entsprechen sie den Katalogangaben, die um ein Jahr hin oder her variieren könnten. Das kann passieren, wenn Firmen den Erscheinungstermin eines Fahrzeuges offiziell machten, ihn dann aber nicht halten konnten. Oder wenn die Produktion schon eingestellt worden war, Restbestände aber noch verkauft wurden.

> *Und zur gleichen Zeit hieß es: »Erst mal seh´n was Quelle hat«. Die Mars-Mofas stammten vom deutschen Hersteller Solo aus Sindelfingen-Maichingen.*

Die deutschen Hersteller

DKW

DKW (Zweirad Union)

Mit der in Nürnberg infolge der Zweiradkrise in die Pleite gerutschten Firma Victoria, der kaum weniger bekannten Marke Express aus Neumarkt und den Resten der DKW-Motorradfertigung in Ingolstadt entstand 1958 in Nürnberg die Zweirad Union mit Sitz im Victoria-Werk in der Nopitschstraße.
Die Geschäfte - hauptsächlich mit 50-cm³-Fahrzeugen - liefen nun recht ordentlich, aber durch eine Krise der zur Zweirad Union gehörenden Faun-Werke stand es Mitte der 60er Jahre nicht zum Besten. Kurzerhand übernahm Fichtel & Sachs, die sich zuvor schon die Hercules-Werke einverleibt hatten, zum 24. Januar 1966 die Zweiradfertigung der Zweirad Union. Mit der Folge, dass die Marken Express und Victoria nach und nach nicht mehr fortgeführt wurden, die gesamte Nürnberger Zweiradfertigung ins ehemalige Victoria-Werk zog und Hercules- und DKW-Fahrzeuge oft baugleicher Natur waren.

1965–1972

Mit der Einführung der Mofas hatte die Zweirad Union 1965 sofort das Modell 110 parat. Der Motor mit Gebläsekühlung und Zweiganggetriebe, das Vollschwingenfahrwerk und die gute Gesamtausstattung waren kennzeichnend für die Mofas der ersten Generation. Als Typ 111 konnte das Mofa auch ein Moped mit 40 km/h sein. Parallel dazu gab es schon seit 1963 die Mopeds Hummel Standard I (Einsitzer) und Standard II (Zweisitzer).
Ende der 60er Jahre begann der Siegeszug der Mofas in Deutschland, und die Sachs-Gruppe mischte da kräftig mit und brachte nach 1968 über ein Jahrzehnt lang auch unter der Bezeichnung DKW eine kaum

> *Das erste Mofa 25 mit DKW-Emblem war das Modell 110 - hier in der »S«-Version mit verchromtem Tank -, das auch als Moped Typ 111 geliefert werden konnte.*

> *Die Hummel-Modelle Standard I (Einsitzer) und Standard II (Zweisitzer) waren samt dem Motor noch Moped-Entwicklungen der Zweirad Union.*

> *Mit dem neuen, liegenden Sachs-Motor erschienen 1968 die DKW-Typen 502 (Mofa) und 503 (Moped). Während das Moped im Bild mit einer Telegabel ausgestattet war, musste das Mofa ganz ohne Federung auskommen. Erst die 502 Luxus erhielt ein paar Monate später ebenfalls die Telegabel.*

> 504 oder 505 (Foto) waren die Bezeichnungen der Tankrahmen-Modelle mit liegendem Motor ab 1970. Als Mofa 504 Extra war auch ein Vollschwingenfahrwerk lieferbar.

> Das DKW-Mofa 119 war äußerlich am Kühlgebläse erkennbar, der Mopedmotor des Typs 121 kühlte im Fahrtwind.

> Das Luxusmoped DKW 114 mit Dreiganggetriebe und Doppelsitzbank.

> *Der Typ Hobby Rider 631 in der ersten Ausführung mit Gebläsemotor und Zweigang-Handschaltung.*

> *Ein Überbleibsel aus vergangenen Jahren war das Doppelsitzer-Moped 632 mit dem älteren Sachs-Motor und dem Styling der späten 60er.*

noch nachvollziehbare Flut von Mofas, sogenannte City-Bikes und Mopeds auf den Markt. Die Fahrzeuge mit der Typenziffer 5 beginnend basierten allesamt auf einem neuen Sachs-Motor mit liegendem Zylinder und der Typenbezeichnung 502 (Mofa) und 503 (Moped). Die Tankrahmenmodelle unterschieden sich in der Vorderradführung, der Motorleistung und dem Getriebe voneinander.

Neben den Fahrzeugen mit dem liegenden Automatik-Motor bot die Zweirad Union auch weiterhin drei Modelle mit stehendem Zylinder und Mehrgang-Handschaltung an. Die Typen 119 und 121 als Mofa (mit Kühlgebläse) und Moped (mit Fahrtwindkühlung) mit 2-Gang-Handschaltung und Einzelsitz sowie das Modell 114 mit Dreiganggetriebe und Doppelsitzbank. Allen drei Maschinen war ein Pressstahlrahmen mit aufgesetztem Tank gemein.

Ab 1970 gab es zwei Änderungen des Fahrwerks bei den Tankrahmenmodellen. Am jetzt ausschließlich aus Pressstahlteilen gefertigten Rahmen hingen nun 21-Zoll-Räder anstelle der bisherigen 23-Zöller. Die Modellbezeichnungen wechselten in 504 (Mofa) und 505 (Moped).

Ab 1970 gab es als Hercules oder DKW ein »City-Bike« genanntes Mini-Mofa auf 9-Zoll-Scheibenrädern für die führerscheinfreie Zweiradklasse. Mit diesen Modellen wollte man eine Marktlücke schließen und sich von der Konkurrenz absetzen. Im Gegensatz zu den anderen Mofas hatte das Modell 508 einen Rohrrahmen. Dazu passte auch das Mofa »Hobby Rider« mit hochgezogenem Lenker (mit Querstrebe) und hochverlegtem Auspuff. Anfangs musste noch der alte Sachs-Motor mit stehendem Zylinder, Gebläsekühlung und Zweigang-Handschaltung herhalten. Der gleiche Motor werkelte auch in den Rohrrahmen-Modellen 629 (Mofa) und 630 (Moped, Einsitzer) mit aufgesetztem Tank. Als Typ 632 duo war letzteres Modell auch als Doppelsitzer erhältlich.

Die DKW-Modelle bis 1972 in der Übersicht

Modell	Art	Motor	Leistung PS	Getriebe	Rahmen	Federung v/h	Bauzeit
Hummel Standard I	Moped	ZU-Zweitakt	2	3-Gang-Hand	Pressstahl	Schwinge/Schwinge	1963–1968
Humel Standard II	Moped	ZU-Zweitakt	2	3-Gang-Hand	Pressstahl	Schwinge/Schwinge	1963–1968
DKW 110	Mofa	Sachs-Zweitakt	1,5	2-Gang-Hand	Pressstahl	Telegabel/Schwinge	1965–1968
DKW 111	Moped	Sachs-Zweitakt	2	2-Gang-Hand	Pressstahl	Telegabel/Schwinge	1965–1968
DKW 502	Mofa	Sachs-Zweitakt	1,5	1-Gang-Aut.	Zentralrohr	keine/keine	1968–1970
DKW 502 Luxus	Mofa	Sachs-Zweitakt	1,5	1-Gang-Aut.	Zentralrohr	Telegabel/keine	1968–1970
DKW 503	Moped	Sachs-Zweitakt	2	1-Gang-Aut.	Zentralrohr	Telegabel/keine	1968–1970
DKW 114	Moped	Sachs-Zweitakt	2,6	3-Gang-Hand	Pressstahl	Telegabel/Schwinge	1969–1972
DKW 119	Mofa	Sachs-Zweitakt	1,5	2-Gang-Hand	Pressstahl	Telegabel/Schwinge	1970–1972
DKW 121	Moped	Sachs-Zweitakt	2,6	2-Gang-Hand	Pressstahl	Telegabel/Schwinge	1970–1972
DKW 504	Mofa	Sachs-Zweitakt	1,5	1-Gang-Aut.	Pressstahl	keine/keine	1970–1972
DKW 504 Extra	Mofa	Sachs-Zweitakt	1,5	1-Gang-Aut.	Pressstahl	Telegabel/Schwinge	1970–1972
DKW 505	Moped	Sachs-Zweitakt	2	2-Gang-Hand	Pressstahl	Telegabel/Schwinge	1970–1972
City-Bike 508	Mofa	Sachs-Zweitakt	1,5	1-Gang-Aut.	Rohrrahmen	Telegabel/keine	1970–1972
Hobby Rider 631	Mofa	Sachs-Zweitakt	1,5	2-Gang-Hand	Rohrrahmen	Telegabel/Schwinge	1971–1973
DKW 629	Mofa	Sachs-Zweitakt	1,5	2-Gang-Hand	Rohrrahmen	Telegabel/Schwinge	1971–1973
DKW 630	Moped	Sachs-Zweitakt	2,6	2-Gang-Hand	Rohrrahmen	Telegabel/Schwinge	1971–1973
DKW 631	Moped	Sachs-Zweitakt	2,6	2-Gang-Hand	Rohrrahmen	Telegabel/Schwinge	1971–1974

1973–1982

Mit dem Einsatz des weiterentwickelten Sachs-Motors 504/1 und einigen optischen Retuschen änderten sich für 1973 einige Modellbezeichnungen. Das Mofa Hobby Rider erhielt die Typenbezeichnung 633. Aus dem Mofa 504 wurde das 504 M (mit Vollschwingenfahrwerk), das Moped 505 mutierte zu 505 P. Das City-Bike hieß jetzt 508 S. Neu war das Mofa 506 M als preiswertestes Einstiegsmodell mit Telegabel, aber ohne Hinterradfederung. Für das Luxussegment waren die Typen 511 (Mofa) und 513 (Moped) mit Rohrrahmen, aufgesetztem Tank und viel Chrom zuständig. Wie üblich war das Mofa mit dem Eingang-Automatikmotor ausgestattet, das Moped mit Zweigang-Handschaltung. Wer das Luxusmofa mit Zweigangschaltung wollte, orderte den Typ 634 mit dem Motor 505/2 B-A.

Zum Ende der siebziger Jahre hin beschränkte sich der Markenname DKW noch auf eine Handvoll Mofas, auf die die Großhändler der Zweirad Union innerhalb der Sachs-Gruppe die traditionsreichen drei Buchstaben klebten, um ein breiteres Angebot zu haben. Immerhin steckten die DKW-Mofas in einem feinen Anzug mit den modernsten technischen Beigaben. Die Typen 530 und 532 waren identisch, letzterer hatte Kotflügel aus Edelstahl. Das Modell 533 besaß eine 2-Gang-Handschaltung anstelle des Automatik-Getriebes.

> Das City-Bike 508 S mit dem neuen Sachs-Motor 504/1 ab 1973.

> Das Mofa 504 M gab es in Goldorange, Nilgrün und Adriablau, das gleichermaßen ausgestattete Moped nur in Nilgrün.

> Das neue Modell 506 M mit Telegabel ersetzte das ungefederte Mofa 504.

> Der Hobby Rider des Modelljahrgangs 1974.

> Das Luxusmofa 511 mit viel Chrom und dem weiterentwickelten Motor 505/1 B-A.

> Moped 513 oder Mofa 634: Nur die Motorleistung – 1,5 oder 2,5 PS – unterschied diese beiden Luxusversionen.

> Der Mofatyp 530 ersetzte als Standardmodell 1976 die 504 N in nahezu unverändertem Design.

> Die Typen 534 (Eingang-Automatik) und 535 (Zweigang-Handschaltung) waren die letzten klassischen Mofas mit aufgesetztem Tank und DKW-Schriftzug.

> 1979/80 erhielt die 535 noch den Buchstaben S, der für die jetzt verwendeten Gussfelgen stand.

> *Das Sportmofa ersetzte Ende 1976 das Modell Hobby Rider.*

> *1979 erschienen, blieb das Mofa 531 mit Eingang-Automatik oder Zweigang-Handschaltung als letztes DKW-Modell bis 1982 im Sachs-Programm.*

Das Edelmofa unter den Tankrahmen-Modellen war ausgangs der 70er Jahre das Modell 531. Die silbergraue Lackierung, Edelstahl-Schutzbleche, eine Vierleuchten-Blinkanlage und Gussräder ließen das Fahrzeug unter Deutschlands Top-Mofas rangieren. Es gab wahlweise Automatik oder Zweigang-Getriebe.

Für einen Rohrrahmen mit aufgesetztem 4,3-Liter-Tank standen Ende der siebziger Jahre die Mofamodelle 534 und 535. Ersteres war mit der Eingang-Automatik, der zweite Typ mit der 2-Gang-Handschaltung ausgerüstet. Später erhielt das Modell 535 noch ein »S« in der Typenbezeichnung und Gussräder.

Die Tradition der Fun-Mofas setzte das DKW-Sportmofa Ende der siebziger Jahre fort. Im Gegensatz zu den anderen Modellen mit Rohrrahmen und aufgesetztem Tank hatte das Sportmofa unter anderem wieder den geschwungenen Lenker, einen angedeuteten Rahmenunterzug, einen Lampenbügel und ein Edelstahlrohr-Gestell auf dem Gepäckträger.

Die DKW-Modelle 1973–1982 in der Übersicht

Modell	Art	Motor	Leistung PS	Getriebe	Rahmen	Federung v/h	Bauzeit
DKW 504 N	Mofa	Sachs-Zweitakt	1,3	1-Gang-Aut.	Pressstahl	Telegabel/Schwinge	1973–1976
DKW 505 P	Moped	Sachs-Zweitakt	1,8	1-Gang-Aut.	Pressstahl	Telegabel/Schwinge	1973–1976
City-Bike 508 S	Mofa	Sachs-Zweitakt	1,3	1-Gang-Aut.	Rohrrahmen	Telegabel/keine	1973–1976
DKW 506 M	Mofa	Sachs-Zweitakt	1,3	1-Gang-Aut.	Pressstahl	Telegabel/keine	1973–1976
Luxus-Mofa 511	Mofa	Sachs-Zweitakt	1,5	1-Gang-Aut.	Rohrrahmen	Telegabel/Schwinge	1973–1976
DKW 634	Mofa	Sachs-Zweitakt	1,5	2-Gang-Hand	Rohrrahmen	Telegabel/Schwinge	1973–1976
DKW 632	Moped	Sachs-Zweitakt	2,6	2-Gang-Hand	Rohrrahmen	Telegabel/Schwinge	1973–1976
DKW 513	Moped	Sachs-Zweitakt	2,5	2-Gang-Hand	Rohrrahmen	Telegabel/Schwinge	1973–1976
Hobby Rider 633	Mofa	Sachs-Zweitakt	1,5	2-Gang-Hand	Rohrrahmen	Telegabel/Schwinge	1973–1976
DKW 530	Mofa	Sachs-Zweitakt	1,5	1-Gang-Aut.	Pressstahl	Telegabel/Schwinge	1976–1978
DKW 532	Mofa	Sachs-Zweitakt	1,5	1-Gang-Aut.	Pressstahl	Telegabel/Schwinge	1977–1979
DKW 533	Mofa	Sachs-Zweitakt	1,5	2-Gang-Hand	Pressstahl	Telegabel/Schwinge	1978–1979
DKW 531 Automatik	Mofa	Sachs-Zweitakt	1,5	1-Gang-Aut.	Pressstahl	Telegabel/Schwinge	1979–1982
DKW 531 Zweigang	Mofa	Sachs-Zweitakt	1,5	2-Gang-Hand	Pressstahl	Telegabel/Schwinge	1979–1982
DKW 534	Mofa	Sachs-Zweitakt	1,5	1-Gang-Aut.	Zentralrohr	Telegabel/Schwinge	1976–1980
DKW 535 (S)	Mofa	Sachs-Zweitakt	1,5	2-Gang-Hand	Zentralrohr	Telegabel/Schwinge	1976–1980
DKW Sportmofa	Sportmofa	Sachs-Zweitakt	1,5	2-Gang-Hand	Zentralrohr	Telegabel/Schwinge	1976–1981

Goebel

1953 war die Bielefelder Fahrzeugfabrik Karl Goebel – wie so viele andere auch – in die Mopedfertigung eingestiegen. 1957 hatte Goebel dann die Meister Werke von Erhard Doppelt übernommen, so dass viele der in der Folge gebauten 50er unter beiden Markennamen erhältlich waren.

Für den Zeitrahmen dieses Buches waren unter anderem die Goebel-Mopeds GS 3 und GS 4 interessant, die erstaunlicherweise von 1960 bis 1973 angeboten wurden. Zu diesem Zeitpunkt waren die Fahrzeuge der Bielefelder mit Sachs-Motoren ausgerüstet, und alle Maschinen hatten einen Pressstahlrahmen sowie eine Hinterradschwinge.

Das Wettrüsten auf dem Kleinkraftradmarkt ersparte sich die Firma Goebel, konzentrierte sich vielmehr auf den Mofamarkt, wo man 1966 gleich mit drei Modellen präsent war. Dabei blieb das Muster bis zuletzt immer gleich: Die Einfachstversion, anfänglich noch mit Zweigang-Handschaltung, dann mit Eingang-Automatik und ohne Federung, das gleiche Modell mit Telegabel, dieses wiederum mit Zweigang-Handschaltung oder mit Zweigang-Automatik. So geschehen ab 1968 bei den beiden Modellen E 25 S (Standard) und E 25 L (Luxus), jetzt mit liegendem Sachs-Motor und Eingang-Automatik. Durch den um das Sattelrohr herum platzierten Tank unterschieden sich diese beiden Mofas im Gesamtdesign deutlich von ihren Mitbewerbern jener Zeit.

Für 1971 standen sechs Mofas im Programm; zu den oben genannten Eingang-Modellen waren vier KM-Typen mit Rohrrahmen, Zweiganggetriebe und aufgesetztem Tank gekommen, die sich durch Handschaltung oder Automatik, viel oder wenig Chrom unterschieden. Ebenfalls noch 1971 bot die Firma mit dem Modell ERS 25 mit Press-

> *Die Goebel-Mopeds GS 3 (Foto) und GS 4 blieben ungewöhnliche 13 Jahre lang im Programm der Bielefelder Firma.*

> Das 1974er Angebot mit vier neuen Typenbezeichnungen für 2 x Pressstahlrahmen und 2 x Rohrrahmen.

> Goebels Einstieg ins Mofageschäft war 1966 der ungefederte Typ Zweigang-Standard. Das Mofa wurde auch – wie viele Mofas bis zum Ende der Goebel-Produktion – von der Stuttgarter Firma Staiger unter eigener Marke als 25 S verkauft.

> Das E 25 L (Luxus, mit Telegabel) gehörte ab 1968 zur neuen Mofageneration mit liegendem Motor.

> Mit Telegabel und Zweigang-Automatik war Goebels Spitzenmodell der ersten Mofageneration ab 1966 ausgerüstet.

> Ab 1971 brachte Goebel die KM-25-Mofas mit Rohrrahmen und aufgesetztem Tank in vier verschiedenen Ausführungen heraus. Der Typ KM 25 Luxus hielt sich bis 1976 im Programm.

> Die Mofas mit Pressstahlrahmen nannte Goebel ab 1971 ER 25. Das Foto zeigt das Standardmodell ohne Hinterradschwinge.

> Die Einstiegsmodelle von Goebel mussten auch weiterhin ohne Hinterradfederung auskommen. Im Bild die Z 21, von 1973.

> *Das 1973 vorgestellte Goebel-Modell ZS 21 mit Rohrrahmen und Vollschwingen-Fahrwerk.*

stahlrahmen und integriertem Tank endlich auch ein Mofa mit Hinterradfederung an. Die preiswertere ER 25 kam ohne aus.

1974 war die Mofapalette überarbeitet und teilweise mit neuen Typenbezeichnungen versehen worden. Nach Karl Goebels Tod Ende 1974 kaufte die Firma Schminke aus Bad Wildungen die Goebel-Fabrikation auf. Die Goebel-Mofatypen spielten weiterhin auf der gesamten Klaviatur der damals lieferbaren Sachs-Motoren einerseits, der möglichen Ausstattungsvarianten bis zum Luxusmofa andererseits.

Die 1974er Modelle folgten der üblichen Masche: 2 x Pressstahlrahmen mit und ohne Hinterradfederung und 2 x Rohrrahmen desgleichen. 1975 dann noch einmal verbesserte Zweigangmodelle, und nach Jahren der Pause mit dem Typ ZS 42 war zu guter Letzt auch noch einmal ein Moped im Angebot.

1978 standen noch vier Goebel-Modelle in den Katalogen, ehe die Fertigung im Jahr darauf endete.

Die Goebel-Modelle in der Übersicht

Modell	Art	Motor	Leistung PS	Getriebe	Rahmen	Federung v/h	Bauzeit
Goebel GS 3	Moped	Sachs-Zweitakt	2,6	2-Gang-Hand	Pressstahl	Telegabel/Schwinge	1960-1973
Goebel GS 4	Moped	Sachs-Zweitakt	2,6	2-Gang-Hand	Pressstahl	Telegabel/Schwinge	1960-1973
Zweigang-Standard	Mofa	Sachs-Zweitakt	1,5	2-Gang-Hand	Rohrrahmen	keine/keine	1966-1968
Zweigang-Luxus	Mofa	Sachs-Zweitakt	1,5	2-Gang-Hand	Rohrrahmen	Telegabel/keine	1966-1968
Zweigang-Automatik	Mofa	Sachs-Zweitakt	1,5	2-Gang-Aut.	Rohrrahmen	Telegabel/keine	1966-1968
Goebel E 25 S	Mofa	Sachs-Zweitakt	1,5	1-Gang-Aut.	Rohrrahmen	keine/keine	1968-1971
Goebel E 25 L	Mofa	Sachs-Zweitakt	1,5	1-Gang-Aut.	Rohrrahmen	Telegabel/keine	1968-1971
KM 25 Luxus	Mofa	Sachs-Zweitakt	1,5	2-Gang-Hand	Rohrrahmen	Telegabel/keine	1971-1976
KM 25 Luxus Spezial	Mofa	Sachs-Zweitakt	1,5	2-Gang-Hand	Rohrrahmen	Telegabel/keine	1971-1974
KM 25 Automatic	Mofa	Sachs-Zweitakt	1,5	2-Gang-Aut.	Rohrrahmen	Telegabel/keine	1971-1974
KM 25 Automatic Sp.	Mofa	Sachs-Zweitakt	1,5	2-Gang-Aut.	Rohrrahmen	Telegabel/keine	1971-1974
Goebel ER 25	Mofa	Sachs-Zweitakt	1,5	1-Gang-Aut.	Pressstahl	Telegabel/keine	1971-1973
Goebel ERS 25	Mofa	Sachs-Zweitakt	1,5	1-Gang-Aut.	Pressstahl	Telegabel/Schwinge	1971-1973
Goebel T 21	Mofa	Sachs-Zweitakt	1,5	1-Gang-Aut.	Pressstahl	Telegabel/keine	1973-1978
Goebel TS 21	Mofa	Sachs-Zweitakt	1,5	1-Gang-Aut.	Pressstahl	Telegabel/Schwinge	1973-1978
Goebel Z 21	Mofa	Sachs-Zweitakt	1,5	1-Gang-Aut.	Rohrrahmen	Telegabel/keine	1973-1979
Goebel ZS 21	Mofa	Sachs-Zweitakt	1,5	1-Gang-Aut.	Rohrrahmen	Telegabel/Schwinge	1973-1979
Goebel TS 22	Mofa	Sachs-Zweitakt	1,5	2-Gang-Hand	Pressstahl	Telegabel/Schwinge	1975-1979
Goebel ZS 22	Mofa	Sachs-Zweitakt	1,5	2-Gang-Hand	Rohrrahmen	Telegabel/Schwinge	1975-1979
Goebel ZS 42	Moped	Sachs-Zweitakt	1,8	2-Gang-Hand	Rohrrahmen	Telegabel/Schwinge	1975-1979

Göricke

Um 1960 herum startete der Bielefelder Konfektionär Göricke eine Großoffensive in Sachen 50-cm³-Fahrzeuge. Mit Hilfe des Baukastensystems bei Fahrwerk (z. B. halblange Schwinge oder Telegabel fürs Vorderrad) und Anbauteilen, dem wechselseitigen Einsatz von Motoren mit und ohne Gebläsekühlung, der Auslegung als Moped, Mokick oder Kleinkraftrad und der Bestückung mit einem Einzelsitz oder einer Sitzbank war eine schier unendliche Fülle verschiedener Typen möglich. So gab es z. B. die neu aufgelegten Mopeds Regina Luxus 340 als Exportmodell mit Telegabel und 342 mit Schwinge bis 1966 bzw. 1969, stets optisch und technisch weiterentwickelt.

Ähnlich wie beim Luxusmodell verhielt es sich mit der Typenreihe der Sportmodelle. Hier konnte die Maschine vom Typ 345 als Moped mit Doppelsitzbank und Sachs-Motor ebenfalls bis 1969 erworben werden. Optisch waren die Sport-Fünfziger mit dem Vollschwingen-Fahrwerk und dem im Schalenrahmen integrierten Motorradtank identisch.

Mit dem Aufkommen der Mofas in Österreich und der Schweiz legte Göricke – stets auf der Höhe der Zeit – schon 1961 ein solches Fahrzeug auf, das als Modell 301 in die Fahrzeuggeschichte einging. Einfacher Rohrrahmen, dünne Schutzbleche und ein Fahrradsattel standen auf der einen Seite, Hinterradschwinge (mit dem schon bekannten Gummielement zur Federung), Telegabel, Tachoscheinwerfer und Lenkerschloss auf der anderen. Die Diva Rekord, bis 1973 im Programm, zunächst als Moped oder Mofa, begründete eine Reihe von Mofas, die im Laufe der nächsten Jahre in Zusammenarbeit mit dem Panther-Werk entstanden. Ab 1970 war das Modell

> *Göricke Regina-Export, Modell 340. Das Moped für eine Person blieb bis 1966 im Programm.*

> Das Regina-Modell 342 mit halblanger Schwinge zur Vorderradführung hielt sich bis 1969 auf dem Mopedmarkt.

> Das Mofamodell 300, hier in der letzten Ausführung mit dem Ilo-Motor 525.

> Ein typischer Vertreter der Ende der 1950er Jahre aufkommenden Sportmopeds war die Regina Sport mit Doppelsitzbank und Dreiganggetriebe.

> Für das notdürftige Göricke-Werksfoto des Modells 325 mussten das Tankemblem und der Schriftzug am Kettenschutz – beides wies ursprünglich ein Panther-Modell aus – entfernt werden.

> Ebenfalls ein Dauerbrenner im Göricke-Programm war das erste Mofa der Bielefelder Firma, die Diva Rekord.

> Die Göricke Pressstahl-Tankrahmen-Modelle 725 S vorne und hinten ungefedert …

nur noch als Moped mit Zweigang-Handschaltung oder Zweigang-Automatik erhältlich.

Der Fahrradhersteller Schminke in Bad Wildungen hatte Göricke 1964 übernommen und in eine Verkaufsgemeinschaft mit den Panther-Werken in Braunschweig gepresst, die ebenfalls zu Schminke gehörten. Künftige Entwicklungen motorisierter Zweiräder wurden nun sowohl unter der Marke Göricke als auch mit dem Panther-Emblem verkauft.

... und 725 TL mit Telegabel. 569,- zu 619,- DM im Jahre 1970.

1966 stellte Göricke das neue Mofa 300 vor. Anders als zu dieser Zeit bei den meisten Konfektionären üblich, setzte man auf den Ilo-Motor MM 25 mit Fliehkraftkupplung (Eingang-Automatik) und nur 35 cm³ Hubraum. Bis 1973 bildete dieses Mofa die Einstiegsklasse bei Göricke. Zuletzt allerdings mit dem weiterentwickelten Ilo-Motor 525, der jetzt über 48 cm³ Hubraum verfügte.

Als Parallelmodell gab es das einfache Rohrrahmen-Mofa auch als Typ 325 mit Sachs-Motor. Hier noch einmal unterteilt in Ausführung A (Zweigang-Automatik) und B (Zweigang-Handschaltung).

Ab 1969 konnte Göricke dann mit den Typen 725 S und TL auch zwei Mofas mit Pressstahlrahmen mit integriertem Tank und 21-Zoll-Rädern (bisher 23 Zoll) anbieten.

Im Motorrad-Katalog tauchen ab 1974 unter Göricke die Modelle HS 425, 435 und 445 auf, zu denen aber bis auf die in der Tabelle aufgeführten Daten keine weiteren Informationen ermittelt werden konnten.

Die Göricke-Modelle in der Übersicht

Modell	Art	Motor	Leistung PS	Getriebe	Rahmen	Federung v/h	Bauzeit
Regina Luxus 340	Moped	Sachs-Zweitakt	1,8	2-Gang-Hand	Pressstahl	Teegabel/Schwinge	1959–1966
Regina Luxus 342	Moped	Sachs-Zweitakt	1,8	2-Gang-Hand	Pressstahl	Schwinge/Schwinge	1959–1969
Regina Luxus 343	Moped	Sachs-Zweitakt	1,8	3-Gang-Hand	Pressstahl	Schwinge/Schwinge	1959–1969
Regina Sport 345	Moped	Sachs-Zweitakt	1,8	3-Gang-Hand	Pressstahl	Schwinge/Schwinge	1959–1969
Diva Rekord 301	Mofa/Moped	Sachs-Zweitakt	1,8	2-Gang-Hand	Rohrrahmen	Teegabel/Schwinge	1961–1973
Diva Rekord 301 AM	Moped	Sachs-Zweitakt	1,8	2-Gang-Aut.	Rohrrahmen	Teegabel/Schwinge	1970–1973
Göricke Mofa 300	Mofa	Ilo-Zweitakt	1	1-Gang-Aut.	Rohrrahmen	Telegabel/keine	1966–1973
Göricke Mofa 325 A	Mofa	Sachs-Zweitakt	1,5	2-Gang-Aut.	Rohrrahmen	Telegabel/keine	1967–1973
Göricke Mofa 325 B	Mofa	Sachs-Zweitakt	1,5	2-Gang-Hand	Rohrrahmen	Telegabel/keine	1967–1973
Göricke Mofa 625	Mofa	Sachs-Zweitakt	1,5	1-Gang-Aut.	Rohrrahmen	Telegabel/keine	1969–1973
Göricke Mofa 725 S	Mofa	Sachs-Zweitakt	1,4	1-Gang-Aut.	Pressstahl	keine/keine	1969–1973
Göricke Mofa 725 TL	Mofa	Sachs-Zweitakt	1,4	1-Gang-Aut.	Pressstahl	Telegabel/keine	1969–1973
Göricke HS 425	Mofa	Sachs-Zweitakt	1,5	1-Gang-Aut.	Pressstahl	Teegabel/Schwinge	1973–1974
Göricke HS 435	Mofa	Sachs-Zweitakt	1,5	1-Gang-Aut.	Rohrrahmen	Teegabel/Schwinge	1973–1976
Göricke HS 445	Mofa	Sachs-Zweitakt	1,5	1-Gang-Aut.	Rohrrahmen	Teegabel/Schwinge	1973–1976

Hercules

Im Jahre 1904 entstand bei Hercules das erste Motorrad, weshalb man die Nürnberger Firma durchaus zu den Pionieren auf diesem Sektor zählen kann. Die für vorliegendes Buch relevante Zeit begann im Jahre 1962, als sich der Schweinfurter Motorenhersteller Fichtel & Sachs bei Hercules einkaufte und die Firma schließlich komplett übernahm. Sachs-Motoren trieben zu dieser Zeit schon längst alle 50er von Hercules an, und als man dann 1965 auch noch die Zweirad Union übernommen hatte, selbstverständlich auch deren Fahrzeuge. 1966 zog Hercules in die Gebäude der ehemaligen Victoria-Werke, die seit 1958 Bestandteil der Zweirad Union waren.

1965–1972

Das erste echte Hercules-Mofa entstand 1965 aus dem Mopedmodell 221 heraus. Aber anders als das Moped blieb das Mofa mit Zweigang-Automatik und 1,6 PS bis 1972 im Programm. Es gab hier immerhin eine Telegabel, auf die Hinterradfederung wurde bewusst

> *Ein Teil der Mofapalette, mit der Hercules in die 70er Jahre ging: Die L-50-Modelle mit Saxonette Automatikmotor und das Mofa 221 MFH mit Zweigang-Handschaltung.*

> *Ein Dauerbrenner im Hercules-Programm war das Dreigang-Moped 220, das bis 1973 in verschiedenen Ausführungen zu haben war.*

> Der Mopedtyp 221 T oder TS, mit oder ohne Hinterradschwinge, bildete die Grundlage der ersten Hercules-Mofas.

> Die Modellreihe MF 1 bis 3 war ein typischer Vertreter der Mofabaumuster zu Beginn der 70er Jahre mit liegendem Motor, Pressstahl-Tankrahmen und Fliehkraft-Automatik. Im Bild das Basismodell MF 1 ohne Federung.

> *Das City-Bike mit 9-Zoll-Rädern gab es in der ersten Ausführung mit Eingang-Automatik oder Zweigang-Handschaltung.*

verzichtet. Als Typ 222 war das Mofa 1966 mit einer Hinterradfederung ausgerüstet und wurde weiter aufgesplittet: Mofa oder Moped, Zweiganggetriebe mit Handschaltung oder Eingang-Automatik. Als echtes Mofa mit Tankrohrrahmen und ebenfalls bis 1972 im Programm kam Mitte der 1960er Jahre das Modell L 50 auf den Markt, von dem es ein Jahr später auch eine Mopedversion gab. Das Mofa musste zunächst ohne jede Federung auskommen, mit der Zusatzbezeichnung »Extra« gab es 1966 eine Telegabel.

Die Mofamodelle MF 1, 2 und 3, ab 1970 gebaut, waren typische Erscheinungen ihrer Zeit. Fliehkraft-Automatik oder Zweigang-Schaltung, Federung oder nicht, Chrom oder nicht – das waren die wesentlichen Unterscheidungsmerkmale der drei Typen. Wobei das Mofa MF 3 mit dem neuen Sachs-Motor 504 nur noch eine Kette benötigte. Ganz ähnlich war das im Zeitraum 1970–1973 bei den City-Bikes, eher unpraktischen Maschinen mit 9-Zoll-Rädern, die es als Mofa oder Moped gab. Das Mofa MF 3 war wiederum die Grundlage für die Mopedtypen MP 1 und MP 2, die sich durch Automatik- oder Handschaltgetriebe unterschieden.

> Und dann war da auch noch das Mofa 222 MF mit Hinterradschwinge und Zweigang-Automatik.

> Der Spiegel weist diese Hercules MP 1 als Moped aus.

Die Hercules-Modelle 1965–1972 in der Übersicht

Modell	Art	Motor	Leistung PS	Getriebe	Rahmen	Federung v/h	Bauzeit
Hercules 220 PL	Moped	Sachs-Zweitakt	2,6	3-Gang-Hand	Pressstahl	Schwinge/Schwinge	1959–1973
Hercules 221 T	Moped	Sachs-Zweitakt	2,6	1-Gang-Aut.	Zentralrohr	Telegabel/keine	1961–1966
Hercules 221 TS	Moped	Sachs-Zweitakt	2,6	2-Gang-Aut.	Zentralrohr	Telegabel/Schwinge	1961–1966
Mofa Typ 221	Mofa	Sachs-Zweitakt	1,6	2-Gang-Aut.	Zentralrohr	Telegabel/keine	1965–1972
L 50 Mofa	Mofa	Sachs-Zweitakt	1,5	1-Gang-Aut.	Tank-Zentralrohr	keine/keine	1965–1972
L 50 Extra	Mofa	Sachs-Zweitakt	1,5	2-Gang-Aut.	Tank-Zentralrohr	Telegabel/keine	1966–1972
L 50 Moped	Moped	Sachs-Zweitakt	2,6	2-Gang-Aut.	Tank-Zentralrohr	Telegabel/keine	1966–1972
Hercules 222 MF	Mofa	Sachs-Zweitakt	1,6	2-Gang-Aut.	Zentralrohr	Telegabel/Schwinge	1966–1972
Hercules 222 MFH	Mofa	Sachs-Zweitakt	1,6	2-Gang-Hand	Zentralrohr	Telegabel/Schwinge	1966–1972
Hercules 221 MFH	Moped	Sachs-Zweitakt	2,6	2-Gang-Hand	Zentralrohr	Telegabel/keine	1966–1972
Hercules 222 TS	Moped	Sachs-Zweitakt	2,6	2-Gang-Aut.	Zentralrohr	Telegabel/Schwinge	1966–1971
Hercules 222 TH	Moped	Sachs-Zweitakt	2,6	2-Gang-Hand	Zentralrohr	Telegabel/Schwinge	1966–1971
Hercules MF 1	Mofa	Sachs-Zweitakt	1,5	1-Gang-Aut.	Pressstahl	Telegabel/keine	1970–1972
Hercules MF 2	Mofa	Sachs-Zweitakt	1,5	1-Gang-Aut.	Pressstahl	Telegabel/Schwinge	1970–1972
Hercules MF 3	Mofa	Sachs-Zweitakt	1,5	2-Gang-Hand	Pressstahl	Telegabel/Schwinge	1970–1975
Citybike 1	Mofa	Sachs-Zweitakt	1,5	1-Gang-Aut.	Einrohr	Telegabel/keine	1970–1973
Citybike 2	Moped	Sachs-Zweitakt	1,8	2-Gang-Hand	Einrohr	Telegabel/keine	1971–1973
Hercules MP 1	Moped	Sachs-Zweitakt	2,6	1-Gang-Aut.	Einrohr	Telegabel/Schwinge	1970–1975
Hercules MP 2	Moped	Sachs-Zweitakt	2,6	2-Gang-Hand	Einrohr	Telegabel/Schwinge	1970–1975

1973–1978

Von 1972 bis 1982 erschienen mit den Typen P 1, MP 2 und MP 4 weitere Mopeds, die sich im Wesentlichen durch den Tankrahmen oder den aufgesetzten Tank, das Getriebe von Automatik bis Dreigang-Handschaltung und den Solositz oder die Zweipersonensitzbank unterschieden. Die Motorleistungen variierten zwischen 1,8 und 2,6 PS.

Noch eine ganz spezielle Mofagattung der 1970er Jahre waren die Hobby Rider, bei Hercules die Typen HR 1 und HR 2. Die Zweigang-Drehgriffschaltung war hier Pflicht, ebenso wie der hochgezogene »Easy-Rider«-Lenker.

1973 legte Hercules eine überarbeitete Mofa-Baureihe mit den Bezeichnungen M 1, M 2, M 4 und M 5 auf. Die Unterschiede waren wie gehabt: Hinterradfederung oder nicht, Tankrahmen oder aufgesetzter Tank, Chrom oder nicht, Fliehkraftkupplung oder Zweigang-Drehgriffschaltung. Die Maschinen blieben bis 1978 im Programm.

> *Den Hobby Rider kannte man schon als DKW-Modell, hier als Hercules HR 2 mit Zweigang-Drehgriffschaltung.*

> Das Mofa M 4, hier mit der Sonderausstattung »Sicherheits-Mofa«, zu der unter anderem zwei Spiegel, Vierleuchten-Blinkanlage, Beinschilder und Leuchtstreifen an den Kotflügeln gehörten.

> Die Mofa-Baureihe ab 1973 begann mit dem Basismodell M 1 ohne Hinterradfederung.

> Das Modell M 4 in der Normalversion von 1978.

> Mit einer Zweigang-Handschaltung wartete das Mofa M 5 auf, dazu gab es in der letzten Bauversion noch Druckgussfelgen.

> Der Moped-Einstieg begann bei Hercules in den 70er Jahren mit dem Modell P 1 mit Fliehkraftkupplung (Eingang-Automatik). (Foto: Mofa-Paradies Zweirad-Handel Horn)

Die Herkules-Modelle 1973–1978 in der Übersicht

Modell	Art	Motor	Leistung PS	Getriebe	Rahmen	Federung v/h	Bauzeit
Hercules M 1	Mofa	Sachs-Zweitakt	1,5	1-Gang Aut.	Pressstahl	Telegabel/keine	1973–1978
Hercules M 2	Mofa	Sachs-Zweitakt	1,5	1-Gang-Aut.	Pressstahl	Telegabel/Schwinge	1973–1978
Hercules M 3	Mofa	Sachs-Zweitakt	1,5	1-Gang-Aut	Pressstahl	Telegabel/Schwinge	1973–1974
Hercules P 1	Moped	Sachs-Zweitakt	1,8	1-Gang-Aut.	Pressstahl	Telegabel/Schwinge	1973–1976
Hercules MP 4	Moped	Sachs-Zweitakt	2,6	2-Gang-Hand	Zentralrohr	Telegabel/Schwinge	1973–1982
Hobby Rider HR 1	Mofa	Sachs-Zweitakt	1,5	2-Gang-Hand	Zentralrohr	Telegabel/Schwinge	1973–1974
Hobby Rider HR 2	Mofa	Sachs-Zweitakt	1,5	2-Gang-Hand	Zentralrohr	Telegabel/Schwinge	1974–1982
Hercules M 4	Mofa	Sachs-Zweitakt	1,5	1-Gang-Aut.	Rohrrahmen	Telegabel/Schwinge	1974–1979
Hercules M 5	Mofa	Sachs-Zweitakt	1,5	2-Gang-Hand	Rohrrahmen	Telegabel/Schwinge	1974–1979
Hercules P 3	Moped	Sachs-Zweitakt	2,5	2-Gang-Hand	Rohrrahmen	Telegabel/Schwinge	1974–1979
City-Bike C 3	Mofa	Sachs-Zweitakt	1,5	1-Gang-Aut.	Rohrrahmen	Telegabel/Schwinge	1974–1979
Hercules M 5 S	Mofa	Sachs-Zweitakt	1,5	2-Gang-Hand	Rohrrahmen	Telegabel/Schwinge	1977–1979

1979–1995

Prima war bei Hercules ab 1979 alles, was sich Mofa nannte. Mit den verschiedensten Zusatzbezeichnungen war vom klassischen, einfachen Automatik-Mofa ohne Hinterradfederung bis zum Dreigang-Sportmofa alles vertreten. Allen gemein war der 1,5 PS starke Sachs-Zweitaktmotor, der auch mit Drehgriff- oder Fußschaltung (2 oder 3 Gänge) seine Kraft weitergeben konnte. Ansonsten machten unter anderem Farben, Chrom, Tankrahmen oder aufgesetzter Tank, Sattel oder Sitzbank die Unterschiede aus. Aus dem üblichen Mofadesign ragten der Hobby Rider HR 2 und das Sportmofa G 3 heraus.

1982 kamen die Modelle 4 SL und 5 SL in neuem Design und mit viel Blech dazu, die aber bei der Kundschaft floppten.

Die Sportmofas Prima GX und GT lösten 1982 die Modelle G 3 und die ungeliebten, 1981 eingeführten Typen Presto und Pronto ab. Allen diesen Modellen war die Dreigang-Drehgriffschaltung und ein hoher Preis von etwa 2500 D-Mark gemein. Die Prima-Typen wurden bis weit in die 90er Jahre hinein mit nur geringen, meist optischen Änderungen produziert.

Hercules versuchte 1985, mit dem sportlichen Durchstiegsmofa »Jogging« Marktanteile zurückzuerobern, was mit diesem Zweigang-Mofa ebenso wenig gelang wie mit dessen Nachfolger »Basic« ab 1987.

In eine ganz neue Dimension trat Hercules 1986 mit dem Mofa MX 1 ein, einem sportlich-kantig geschnittenen Fahrzeug mit kleiner Cockpitverkleidung und Zentralfederbein.

> *Bei den Straßenmofas war die Prima 2 N mit Pressstahlrahmen und Eingang-Automatik um 1980 herum der Einstieg in die 25-km/h-Klasse.*

Zu guter Letzt wurden aus den Mofatypen 4 SL und 5 SL die poppig lackierten Modelle Prima 4 und Prima 5, wie gehabt mit Eingang-Automatik oder Zweigang-Handschaltung, die bis zum Ende der Hercules-Fertigung in Nürnberg im Programm blieben.

Mopeds hatten auch in den 80ern immer noch ihre Anhänger und für Hercules war es kein Problem, aus den Mofa- und Mokickbaukästen heraus nebenher auch Mopeds weiter durch das Programm laufen zu lassen. »Optima« nannten die Nürnberger ihre Baureihe, die mit 2,5 PS 40 km/h schnell sein durfte und ab 1986 mit 3 PS sogar

> *Die Prima G 3 war Ende der 70er Jahre Mitbegründerin einer neuen Kategorie von Sportmofas.*

Topspeed 50 erreichte. Diese Mopeds waren die letzten Fahrzeuge, die 1999 noch im Programm der Nürnberger Firma geblieben waren, als es diese faktisch schon nicht mehr gab (siehe Kapitel »Sachs«). Fichtel & Sachs, längst zum Mannesmann-Konzern gehörend, wurde 1995 verkauft, der Markenname Hercules ging dabei an die holländische ATAG-Gruppe. Die Fertigung motorisierter Zweiräder blieb in der neuen »Sachs Fahrzeug- und Motorentechnik GmbH« – jetzt unter dem Markennamen Sachs.

> Die Prima 5 N mit Zweigang-Handschaltung. Alle Hercules-Mofas oberhalb der 2 N fuhren auf Druckgussfelgen.

> Die Prima-Modelle 4 S und 5 S (Foto) gehörten zu Beginn der 80er Jahre zu den beliebtesten Mofas in Deutschland.

> Das Topmodell der Prima-Reihe war der Typ 6 mit »Cockpit«, Vierleuchten-Blinkanlage und kräftiger Telegabel mit 80 mm Federweg, 20 mm mehr als bei den übrigen Mofas.

> Optisch überarbeitet ging das Modell Hobby Rider HR 2 in die 80er Jahre hinein.

> Die Hercules Mofas Prima 4 SL (Eingang-Automatik) und 5 SL (Zweigang-Drehgriffschaltung) gehörten mit ihren blechverkleideten Rahmen zu den teuersten Mofas im Deutschland der 80er Jahre.

> Das Sportmofa Presto und das Enduromofa Pronto (Foto), beide mit Dreigang-Drehgriffschaltung, lösten 1981 die Prima G 3 ab.

> *Prima 4 und Prima 5 hießen zuletzt die Hercules Rohrrahmen-Mofas mit aufgesetztem Tank, Eingang-Automatik oder Zweigang-Handschaltung.*

> *Die Prima GX- und GT-Modelle (Foto) lösten ab 1982 bzw. 1985 auf dem Sektor der Sportmofas wiederum die Typen Presto und Pronto ab.*

> Neue Wege sowohl beim Fahrwerk (Zentralfederbein) als auch im Design ging Hercules ab 1986 mit dem Mofa MX 1. Der Dauerbrenner blieb bis zum Ende der Hercules-Fertigung im Programm.

> Mit dem neuen Mofamodell Jogging mit fettem Tankrohrrahmen und Zweigang-Handschaltung versuchte Hercules, die Konkurrenz auf Distanz zu halten.

> *Hercules Prima S hieß das Sicherheits-Mofa, das Opa Willy ab 1979 sicher ans Angelgewässer brachte.*

Übersicht der Hercules-Modelle 1979–1995

Modell	Art	Motor	Leistung PS	Getriebe	Rahmen	Federung v/h	Bauzeit
Prima G 3	Sport-Mofa	Sachs-Zweitakt	1,6	3-Gang-Hand	Einrohr m. Unterzug	Telegabel/Schwinge	1979–1981
Prima S	Mofa	Sachs-Zweitakt	1,5	1-Gang-Aut.	Einrohrrahmen	Telegabel/Schwinge	1979–1981
Prima SX	Mofa	Sachs-Zweitakt	1,5	3-Gang-Hand	Einrohrrahmen	Telegabel/Schwinge	1985–1988
Prima 2 N	Mofa	Sachs-Zweitakt	1,5	1-Gang-Aut.	Pressstahl	Telegabel/Schwinge	1979–1987
Prima 4 N	Mofa	Sachs-Zweitakt	1,5	1-Gang-Aut.	Einrohrrahmen	Telegabel/Schwinge	1979–1987
Prima 5 N	Mofa	Sachs-Zweitakt	1,5	2-Gang-Hand	Einrohrrahmen	Telegabel/Schwinge	1979–1987
Prima 6	Mofa	Sachs-Zweitakt	1,5	2-Gang-Fuß	Einrohrrahmen	Telegabel/Schwinge	1979–1985
Prima 5 S	Mofa	Sachs-Zweitakt	1,5	2-Gang-Fuß	Einrohrrahmen	Telegabel/Schwinge	1979–1985
Prima 4 SL	Mofa	Sachs-Zweitakt	1,5	1-Gang-Aut.	Einrohrrahmen	Telegabel/Schwinge	1982–1987
Prima 5 SL	Mofa	Sachs-Zweitakt	1,5	2-Gang-Hand	Rohrrahmen	Telegabel/Schwinge	1982–1987
Prima 1	Mofa	Sachs-Zweitakt	1,5	1-Gang-Aut.	Tankzentralrohr	Telegabel/keine	1979–1986
Prima 2 S	Moped	Sachs-Zweitakt	2,5	1-Gang-Aut.	Tankzentralrohr	Telegabel/Schwinge	1979–1983
Prima 3 S	Mofa	Sachs-Zweitakt	1,5	1-Gang-Aut.	Tankzentralrohr	Telegabel/Schwinge	1979–1993
Presto	Sport-Mofa	Sachs-Zweitakt	1,6	3-Gang-Hand	Rohrrahmen	Telegabel/Schwinge	1981–1983
Pronto	Enduro-Mofa	Sachs-Zweitakt	1,6	3-Gang-Hand	Rohrrahmen	Telegabel/Schwinge	1981–1983
Prima GX	Sport-Mofa	Sachs-Zweitakt	1,6	3-Gang-Hand	Einrohr m. Unterzug	Telegabel/Schwinge	1982–1985
Prima GT	Sport-Mofa	Sachs-Zweitakt	1,6	3-Gang-Hand	Einrohr m. Unterzug	Telegabel/Schwinge	1985–1995
Jogging	Mofa	Sachs-Zweitakt	1,5	3-Gang-Hand	Tankzentralrohr	Telegabel/Schwinge	1985–1987
Basic	Mofa	Sachs-Zweitakt	1,5	3-Gang-Hand	Tankzentralrohr	Telegabel/Schwinge	1986–1989
MX 1	Mofa	Sachs-Zweitakt	1,6	2-Gang-Hand	Rohrrahmen	Telegabel/Schwinge	1986–1994
Optima 3	Moped	Sachs-Zweitakt	2,5	2-Gang-Hand	Rohrrahmen	Telegabel/Schwinge	1986–1995
Optima 3 S	Moped	Sachs-Zweitakt	3	2-Gang-Hand	Rohrrahmen	Telegabel/Schwinge	1986–1995
Prima 4	Mofa	Sachs-Zweitakt	1,5	1-Gang-Aut.	Zentralrohr	Telegabel/Schwinge	1987–1995
Prima 5	Mofa	Sachs-Zweitakt	1,5	2-Gang-Hand	Zentralrohr	Telegabel/Schwinge	1987–1995

Kreidler

Alfred Kreidler und seine Firma in Kornwestheim waren praktisch die Erfinder des Mopeds in Deutschland. Nie zuvor hatte sich die Firma mit Kraftfahrzeugen befasst und dann 1951 mit der K 50 die Blaupause für hunderte Mopedmodelle der 1950er Jahre geliefert. Als dann 1953 behördlicherseits die Bauvorschriften für die neue Fahrzeugklasse Moped festgelegt worden waren, passte Kreidlers K 50 nicht in diese neue Klasse und musste ein »Mofa« im klassischen Sinne bleiben. Das verärgerte Alfred Kreidler dermaßen, dass er kurzerhand aus dem Verband der Zweirad-Hersteller austrat. Nichtsdestotrotz avancierte die schwäbische Firma in den Folgejahren zu einem führenden deutschen Hersteller in Sachen 50-cm³-Fahrzeuge, war aber zunächst klar auf die Kategorien Kleinkraftrad – auch hier war Kreidler wieder Vorreiter – und Mokick fixiert.

1968–1975

Seit dem letzten Florett-Moped von 1961 hatte Kreidler keine Mopeds mehr im Programm gehabt und konnte deshalb auch nicht sofort auf den 1965 anrollenden Mofazug aufspringen.
Dennoch wollte man sehr ambitioniert in die neue Mofaklasse starten und bot für das Modelljahr 1969 (ab September 1968) gleich vier

> Mofa MF 4 und Moped MP 1 unterschieden sich äußerlich nicht voneinander. Beide Modelle waren bis 1970 nur mit dem Tropfentank erhältlich.

> Für das Modelljahr 1971 konnte das MF 4 wahlweise mit dem Herz-Tank oder dem neuen, schlanken Tank geliefert werden.

> Ab 1972 war nur noch der schlanke Tank verbaut. Verchromt, mit ebenfalls verchromten Schutzblechen und Tachometer im Mofatyp MF 4 CL.

> Im Modelljahr 1971 konnte das Moped MP 1 wahlweise mit dem hier gezeigten herz- oder dreieckförmigen oder mit dem langen, schlanken Tank geliefert werden.

> Ab 1972 wartete das Kreidler-Mofa mit einer Hinterradfederung auf und trug in der einfachsten Variante die Typenbezeichnung MF 2.

> Mit einem verchromten Tank und signalroter Lackierung war das Modell MF 2 C ebenfalls ab 1972 erhältlich.

> *Das Kreidler Mofa MF 2 CL: Mit Chromtank und verchromten Schutzblechen kostete das schwäbische Luxusmofa rund 60 D-Mark mehr als die Basisversion.*

Modellvarianten an, von denen dann aber zunächst nur eine in die Serienfertigung kam: Das Mofa MF 4 mit Zweigang-Automatik und einer einfachen Telegabel, aber ohne Hinterradfederung und ohne Tachometer.

Unter den angebotenen Mofas dieser Zeit erwies sich das schwäbische Modell als robust und durchaus komfortabel.

Die Motor-Getriebeeinheit war eine völlige Neukonstruktion. Bis auf das Bohrung-Hub-Verhältnis war nichts von den Florett-Typen übernommen worden. Und im Gegensatz zu den Kleinkrafträdern und Mokicks waren Zylinder und Zylinderkopf jetzt leicht nach oben geneigt. Eine deutlich geringere Verrippung und der Fahrtwind reichten zur Kühlung des nicht überbeanspruchten Triebwerks aus.

Kreidlers erstes Mofa wurde ein voller Erfolg und bis 1975 über 55 000 Mal gebaut. Für das Modelljahr 1971 konnte wahlweise ein schlanker Tank gewählt werden, der dann ab 1972 ausschließlich verbaut wurde. Mit diesem Tank in optional verchromter Ausführung wechselte die Bezeichnung des Mofas in MF 4 C. Wenn dann noch der Tachometer serienmäßig an Bord war und die Schutzbleche ebenfalls eine Chromschicht besaßen, sprach Kreidler vom Modell MF 4 CL. Das L stand hier selbstverständlich für Luxus.

Mit der Konstruktion des ersten Mofas sollte auch das gute alte Moped wieder reaktiviert werden. Schließlich bestand technisch kaum ein Unterschied, lediglich 15 km/h und 0,5 PS trennten Mo-Fa (MF) von Mo-Ped (MP). Erreicht durch eine andere Sekundärübersetzung, einen anderen Vergaser und einen anderen Endschalldämpfer. Ein Tachometer war beim Moped serienmäßig an Bord. Das Sonderzubehör entsprach – auch preislich – dem des Mofas. Bis 1975 wurde auch das MP 1 gebaut, 1971 wahlweise mit dem schlanken Tank, danach, wie beim Mofa, ausschließlich mit diesem. Nicht einmal zehn Prozent der Mofa-Stückzahlen erreichte das Moped.

Einfache Bauart und poppige Farben – das galt auch für die Kreidler-Mofas, die sich von Anfang an prächtig verkauften. Um wettbewerbsfähig bleiben zu können, sahen sich die Schwaben allerdings gezwungen, ihrem Mofa eine Hinterradfederung in Form einer Schwinge, die sich auf zwei Federbeinchen abstützte, zu verpassen. Ab dem Modelljahr 72 wurde so, parallel zum MF 4, das Mofa MF 2 gebaut. Als MF 2 C erhielt es wieder einen verchromten Tank, und das Luxusmodell MF 2 CL auch noch verchromte Schutzbleche. Tachometer und Lenkerschloss waren bei allen MF-2-Modellen serienmäßig an Bord. In über 100 000 Exemplaren wurden diese Maschinchen bis 1979 gebaut. Die Designänderungen bis dahin waren ebenso marginal wie die technischen Neuerungen. 1974 konnte die Drehzahl etwas gesenkt werden, 1976 wurden die Reifen ein wenig breiter und die Vergaser jeweils dem aktuellen Entwicklungsstand angepasst.

> Zwei Mofas aus dem 73er-Programm. Während das chromlose Modell (unten) in drei Farbvarianten zu haben war, gab es den Typ MF 2 CL nur in Verbindung mit der orangenen Lackierung.

> Eine der beiden Farbvarianten der MF-2-Modelle mit den ab dem Modelljahr 1975 schwarz abgesetzten Verkleidungen im Mittelteil des Fahrzeugs.

> Das Mofa MF 2 CL in seiner letzten Ausführung ab 1977/78 mit großem Kreidler-Schriftzug auf der Abdeckung.*

> Ein Kreidler-Werksfoto des Mopeds MP 2 in der ersten Ausführung.

> Für das Moped wie auch für die Mofas gab es optional sowohl einen Frontgepäckträger als auch einen Einkaufskorb. Zusammen waren dafür rund 35 D-Mark fällig.

> *Das Moped MP 2 in seiner letzten Ausführung, wie es bis 1979 gebaut wurde.*

Das Moped MP 2 lief zusammen mit den Mofas vom Montageband, sah genauso aus und hatte auch den gleichen Motor, der übrigens inzwischen auf eine Mischungsschmierung von 1:50 umgestellt worden war. Lediglich die Änderung von Vergaser, Übersetzung und Endschalldämpfer sorgten für 2 PS und 40 km/h Höchstgeschwindigkeit. Wie die Mofas erhielt auch das Moped ab 1972 eine Hinterradfederung und wurde mit kleinen Detailänderungen bis 1979 gebaut. Den Chromzierrat der Mofas gab es hier allerdings nicht, aber wer sich ein Kreidler Moped kaufte, war sowieso Pragmatiker und brauchte keine Show vor der Eisdiele.

> *1977 war die Flory 12/13 für die Teenager dieser Zeit ein Hit und das meistverkaufte Fahrzeug aus dem Hause Kreidler.*

1976–1982

Inzwischen hatten die Mofas bei Kreidler den Hauptanteil bei der Zweiradfertigung übernommen, und mit dem 1976 eingeführten Modell Flory gehörten die Schwaben hier weiterhin zu den Marktführern.

Alles lief also prima, »mofeln« war groß in Mode, bis sich die (Moped-) Geschichte wiederholte und der Gesetzgeber 1979 eine Führerscheinpflicht (er nannte es »Prüfbescheinigung«) für Mofas beschloss und den Zugang zu den einfachen Fahrzeugen für einen nicht geringen Teil der Kundschaft erschwerte.

Kreidler landete mit dem Mofa Flory 1976 noch einmal einen echten Hit auf dem heiß umkämpften Markt. Dabei nutzten die Kornwestheimer geschickt ihren Baukasten: Die Flory 12 (mit Sattel) und 13 (mit kurzer Sitzbank) trieb der handgeschaltete Dreigangmotor aus dem Florett-LH-Mokick an, den man mit einer kürzeren Übersetzung der ersten beiden Gänge, einer ebenfalls kürzeren Sekundärübersetzung, dem Bing-Vergaser mit nur 10 mm Querschnitt und engeren Steuerkanälen auf knapp über 25 km/h Höchstgeschwindigkeit gedrosselt hatte. Beim Ampelstart zeigte der Flory-Fahrer aber der Konkurrenz den Rückstrahler, und auch bei der maximalen Steigfähigkeit von 31 Prozent konnten die meisten Mofas dieser Zeit nicht mithalten.

Im Nachhinein öffnete der Florett-Motor im Mofa den »Tuningspezialisten« Tür und Tor für nicht ganz gesetzeskonforme Eingriffe, die das Fahrwerk im Übrigen durchaus vertrug. Schließlich verzögerten die ebenfalls von den Mokicks her bekannten 120-mm-Vollnabenbremsen und der stabile Rohrrahmen, die Telegabel und die Hinterradschwinge hielten das Fahrzeug auf Kurs. Und schick sah das Ganze mit verchromten Schutzblechen, offenen hinteren Federbeinen, dem sehr hochgezogenen Lenker und dem protzigen Tacho auf dem flachen Scheinwerfer auch noch aus. Die schwäbische Rechnung ging voll auf; das Mofa begeisterte vor allem jugendliche Interessenten, und über 60 000 verkaufte Exemplare aller Dreigang-Mofas sprechen eine deutliche Sprache.

Die Mofas unterlagen stetigen Aufwertungen und damit verbunden auch entsprechenden Preissteigerungen. Beim Dreigang-Flory bedeutete dies für das Modelljahr 1977 die Wiedereinführung des verchromten Tanks und den Einsatz der bekannten, in der Felge verschraubten Verbundspeichenräder. Dieses jetzt Flory 23 genannte Fahrzeug war ausschließlich mit der Einpersonensitzbank bestückt. Anfangs nur in Rotorange ausgeliefert, kamen ab dem Modelljahr

> *Kreidler Flory 23, Modelljahr 1977. Im Jahr darauf gab es noch Seitenstrahler und den unvermeidlichen Drehzahlmesser.*

> *Ein Werksfoto der Flory 22, anfangs serienmäßig mit Chromtank und Vierleuchten-Blinkanlage.*

> *Die Flory 32 ersetzte 1979 das Mofa MF 2 mit Zweigang-Automatik.*

> *Das Kreidler-Mofaprogramm von 1981 zeigt die in vier Versionen aufgesplittete Flory MF 22.*

1980 weitere Farben hinzu. Ab 1978 erhielt das Mofa mit der Zusatzbezeichnung SL noch eine verbesserte Elektroanlage mit 24 W, und die Seitenstrahler waren ab diesem Modelljahr obligatorisch. Neben dem Tacho im »Cockpit« war optional noch ein Drehzahlmesser (bei 25 km/h unumgänglich!) lieferbar.

Neu ins Kreidler-Programm kam Ende 1977 das Modell Flory 22 mit dem altbekannten Mofamotor, jetzt mit zwei handgeschalteten Getriebegängen. Da die Dreigang-Flory so gut lief, dachte man sich in Kornwestheim, zwei Gänge zum Einstieg und ein niedrigerer Preis müssten doch auch funktionieren. Taten sie es auch halbwegs, die Produktionszahlen blieben dennoch hinter den hoch gesteckten Erwartungen zurück. Mit durchaus ähnlichem Design wie die Luxus-Flory 23, sah man dem 22er Modell doch die Sparmaßnahmen an: eine Fahrradlampe, billigere Verbundfelgen (auch Drahtspeichenfelgen waren möglich), geschlossene hintere Federbeine, der einfache Sattel und kleinere Bremsen. Alles in allem für ein gutes Mofa völlig ausreichend.

Waren die Blinkanlage und der Chromtank anfangs noch serienmäßig, splittete Kreidler 1980 die Modellpalette wie folgt auf: MF 22 ohne Blinkanlage und ohne Chromtank (wurde 1980 als MF 20 geführt); MF 22 C mit verchromtem Tank und Edelstahlschutzblechen; MF 22 CB, wie 22 C, aber zusätzlich mit Blinkanlage.

Nach sieben Produktionsjahren waren die Zweigang-Automatik-Mofas MF 2 und MF 2 CL reif für eine Überarbeitung. Für das Kreidler-Programm blieben diese Fahrzeuge unverzichtbar. So verpassten ihnen die Ingenieure den Flory-Schriftzug an die Tanks und das entsprechende Outfit, unter anderem mit Verbundrädern und neuer Teleskopgabel. Ansonsten alles wie gehabt: Flory 32 (anfangs noch Flory 2 genannt) mit lackiertem Tank und ebensolchen Schutzblechen und Flory 32 CL mit Chromtank und Edelstahlkotflügeln. Auch die Automatik-Mofas blieben bis zum Ende von Kreidler im Programm.

Das Moped MP 2 war nur ein Außenseiter im Kreidler-Programm, trotzdem wurde es analog zum Mofa MF 2 noch einmal aufgefrischt und mit dem Flory-Schriftzug am Tank versehen. Die neue MP 2 entsprach fast völlig dem Mofa MF 32, mit dem Unterschied, dass die Höchstgeschwindigkeit bis 40 km/h reichte und alle Teile in Silbermetallic lackiert waren. Also kein Chrom am Tank und kein Edelstahl an den Schutzblechen. Immerhin konnte der Interessent zwischen Drahtspeichen- und Verbundrädern wählen und neben den üblichen Extras wie Beinschild und Einkaufskorb auch eine Vierleuchten-Blinkanlage ordern.

In Sachen Sportmofa war man bei Kreidler spät dran, glaubten die Schwaben doch lange, mit der Flory 23 das überhaupt sportlichste Mofa am Markt zu haben. Technisch mag das so gewesen sein, aber das Flory sah halt aus wie ein Flory, also wie ein klassisches Mofa mit Durchstiegsrahmen. Ein »echtes« Sportmofa musste aber her, das 15-jährige Publikum erwartete das. 1980 kam die »Flott« getaufte Maschine in zwei Versionen auf den Markt: Als MF 24 mit einer Vierleuchten-Blinkanlage und als MF 25 ohne Blinker. Preislich auf dem Niveau der Flory 23, aber zu spät auf dem Markt, hielten sich die Verkaufszahlen in Grenzen.

Nach dem ersten Konkurs 1981 und während der zweite Konkurs im Jahr darauf bereits in vollem Gange war, brachte Kreidler noch einmal zwei »neue« Mofas auf den Markt. Beim Modell MF 33 handelte es sich um eine Mischung aus Flory 23 und Flory 22.

Und dann das Flory MF 23 (34) Cross! Das war wirklich der letzte Versuch und zeigte die totale Hilflosigkeit der Kreidler-Leute in dieser Zeit, aus dem Flory 23 mit Dreigangmotor noch ein Crossmofa zu machen. Dafür genügten ein hochgezogener vorderer Kotflügel, eine Querstrebe im für Crossverhältnisse viel zu hohen Lenker und ein wenig grobstollige Reifen. Dazu gab es eine schwarze Lackierung, einen verchromten Tank und das hintere Schutzblech aus Edelstahl.

> *Extra für das neue Sportmofa »Flott« ließ Kreidler im Juni 1980 diesen Prospekt drucken.*

> Mit der Flory MF 33, die nicht wirklich etwas Neues zu bieten hatte, versuchte Kreidler im Konkursjahr 1982 noch einmal, die Käufer zu mobilisieren.

> Ein hochgezogenes Schutzblech, grobstollige Reifen und eine Querstrebe am Lenker – fertig ist das Cross-Mofa.

Übersicht der Kreidler-Modelle

Modell	Art	Motor	Leistung PS	Getriebe	Rahmen	Federung v/h	Bauzeit
Kreidler MF 4	Mofa	Kreidler-Zweitakt	1,5	2-Gang Aut.	Rohrrahmen	Telegabel/keine	1968–1975
Kreidler MF 4 C	Mofa	Kreidler-Zweitakt	1,5	2-Gang Aut.	Rohrrahmen	Telegabel/keine	1968–1975
Kreidler MF 4 CL	Mofa	Kreidler-Zweitakt	1,5	2-Gang Aut.	Rohrrahmen	Telegabel/keine	1968–1975
Kreidler MP 1	Moped	Kreidler-Zweitakt	2	2-Gang Aut.	Rohrrahmen	Telegabel/keine	1968–1975
Kreidler MF 2	Mofa	Kreidler-Zweitakt	1,5	2-Gang Aut.	Rohrrahmen	Telegabel/Schwinge	1972–1979
Kreidler MF 2 C	Mofa	Kreidler-Zweitakt	1,5	2-Gang Aut.	Rohrrahmen	Telegabel/Schwinge	1972–1979
Kreidler MF 2 CL	Mofa	Kreidler-Zweitakt	1,5	2-Gang Aut.	Rohrrahmen	Telegabel/Schwinge	1972–1979
Kreidler MP 2	Moped	Kreidler-Zweitakt	2	2-Gang Aut.	Rohrrahmen	Telegabel/Schwinge	1972–1979
Flory MF 12	Mofa	Kreidler-Zweitakt	1,5	3-Gang-Hand	Rohrrahmen	Telegabel/Schwinge	1976–1981
Flory MF 13	Mofa	Kreidler-Zweitakt	1,5	3-Gang-Hand	Rohrrahmen	Telegabel/Schwinge	1976–1981
Flory MF 23	Mofa	Kreidler-Zweitakt	1,5	3-Gang-Hand	Rohrrahmen	Telegabel/Schwinge	1977
Flory MF 23 SL	Mofa	Kreidler-Zweitakt	1,5	3-Gang-Hand	Rohrrahmen	Telegabel/Schwinge	1978–1982
Flory MF 22	Mofa	Kreidler-Zweitakt	1,5	2-Gang-Hand	Rohrrahmen	Telegabel/Schwinge	1977–1982
Flory MF 32	Mofa	Kreidler-Zweitakt	1,5	2-Gang Aut.	Rohrrahmen	Telegabel/Schwinge	1980–1982
Flory MF 32 CL	Mofa	Kreidler-Zweitakt	1,5	2-Gang Aut.	Rohrrahmen	Telegabel/Schwinge	1980–1982
Kreidler MP 2	Moped	Kreidler-Zweitakt	2	2-Gang Aut.	Rohrrahmen	Telegabel/Schwinge	1980–1981
Flott MF 24	Mofa	Kreidler-Zweitakt	1,5	3-Gang-Hand	Rohrrahmen	Telegabel/Schwinge	1980–1982
Flott MF 25	Mofa	Kreidler-Zweitakt	1,5	3-Gang-Hand	Rohrrahmen	Telegabel/Schwinge	1980–1982
Flory MF 33	Mofa	Kreidler-Zweitakt	1,5	2-Gang-Hand	Rohrrahmen	Telegabel/Schwinge	1982
Flory MF 23 Cross	Mofa	Kreidler-Zweitakt	1,5	3-Gang-Hand	Rohrrahmen	Telegabel/Schwinge	1982

Kynast

Der Mofaboom lockte tatsächlich noch Neueinsteiger auf den Markt. Wie die Firma Otto Kynast GmbH & Co. KG aus Quakenbrück, bis dahin unter anderem Hersteller von Fahrrädern und Rasenmähern. Ab 1974 dann auch von Mopeds und Mofas mit eigenem Rahmen und Motoren der italienischen Firma Minarelli für die Billigprodukte oder Sachs für die gehobenen Klassen. Mit eigenem Rohrwerk, Pulverbeschichtung und Galvanik hatte die Firma eine sehr große Fertigungstiefe.

> *KML 25 hießen zunächst alle Mofatypen von Kynast. Dieses hier erhielt 1975 noch die Bezeichnung »Tornado« und die weitere Typenbezeichnung K 874, was unter anderem für die Eingang-Automatik von Sachs stand. (Foto: Doccolor)*

1992 erfolgte die Umwandlung in die Kynast AG. Hatte der Export in guten Jahren noch bis zu 38 Prozent betragen, brach er in der Folgezeit dramatisch ein. Auch der Absatz in Deutschland konnte aufgrund der Konkurrenz im Billigstsegment – unter anderem aus Asien – nicht gehalten werden. 1999 musste die Kynast AG Insolvenz anmelden.

Da war die Fertigung von Mofas aber schon zehn Jahr lang Geschichte. Den Kynast-Mofas nachzuspüren ist ein verzwicktes Unterfangen. Im Prinzip wurden zwischen 1974 und 1988 immer die gleichen Grundmuster mit Rohrrahmen und aufgesetztem Tank gebaut, die sich dann aber durch eine Vielzahl von Kleinigkeiten unterschieden: Chrom oder nicht Chrom, Speichen- oder Druckgussfelgen, Sattel oder Sitzbank, ein oder zwei Spiegel, Farbvariationen, Hinterradschwinge oder starre Radaufhängung. Und natürlich die verschiedenen automatischen oder handgeschalteten Getriebe. So ließen sich unzählige Kombinationen mit einer nicht zu durchschauenden Typenvielfalt erzeugen. Grundsätzlich waren alle Mofas als KML 25 und alle Mopeds als KML 40 unterwegs. Dazu kamen Zahlen- und Buchstabenkombinationen. So stand das Modell K 178 B für das billigste Einstiegsmodell mit gebläsegekühltem Minarelli-Motor und Eingang-Automatik. Alle anderen Mofas wurden von Sachs-Triebwerken mit Eingang-Automatik (K 874 und K 974) oder Zweigang-Handschaltung (K 7276 – auch Eingang-Automatik möglich)

> *Das Einstiegsmodell bei Kynast war der Typ K 178 B mit einem Motor des italienischen Herstellers Minarelli, der noch von einem Gebläse gekühlt wurde. (Foto: Doccolor)*

> *Die Bezeichnung Euro-Star machte sich für den Export ebenso gut wie die Druckgussfelgen und viel Chrom.*

> *KML 40 nannte Kynast seine Moped-Grundtypen. Dieses hier hieß außerdem noch »Flying Dutchman«, stammt aus dem Jahr 1979 und war wohl für den Export nach Holland vorgesehen.*

> *Mitte der 80er Jahre baute Kynast exklusiv für die ZEG die Modellreihe »Pegasus-Rocky«. (Bild: André Paepenmöller)*

> *Ab 1981 bot die ZEG unter der Eigenmarke »Pegasus« einige Kynast-Modelle an. Im Bild die Super-Luxus mit »Langsitz« und »Sportgabel«. (Bild: André Paepenmöller)*

> *Die letzten Kynast-Mofas bei der ZEG waren die etwas poppiger gestalteten Rocky-Modelle. (Bild: André Paepenmöller)*

angetrieben. Die Mopeds hatten die Bezeichnungen K 1175 (Eingang-Automatik) und K 8276 (Eingang-Automatik oder Zweigang-Handschaltung). Im Laufe der Jahre kamen die Sachs-Triebwerke 504 und 505 zum Einsatz. Nicht vergessen werden soll an dieser Stelle, dass es auch noch ein 620-W-Elektromofa mit der Typenbezeichnung K 374 gab.

Vertrieben wurden die Maschinen in Deutschland einerseits unter der Marke Kynast, in größeren Stückzahlen allerdings von 1979 bis 1985 vom Karstadt-Konzern unter der Marke »Condor« (hier als Nachfolger des polnischen Typs Komar) und von 1981 bis 1988 von der Zweirad-Einkaufs-Genossenschaft (ZEG) unter der Bezeichnung »Pegasus«.

Weil die Quakenbrücker den Markennamen Kynast als nicht sonderlich exportfördernd einschätzten, erhielten Mofas und Mopeds auch die Namen »Tornado« (1974/75), »Alpina« (1976-1979), »Europa« (1978-1985), »Flying Dutchman« (1980) oder Euro-Star (1981-1985). Die angegebenen Jahreszahlen können variieren. Dies und die nicht zu durchschauende Typen-, Namens- und Marken-Vielfalt sind die Gründe dafür, dass eine sinnvolle Statistik in Form einer Tabelle an dieser Stelle unmöglich erscheint.

Maico

In Pfäffingen bei Tübingen hatte Maico schon vor dem Zweiten Weltkrieg Motorräder gebaut und machte sich danach als Lieferant für die Bundeswehr und als Hersteller von konkurrenzfähigen Sportmotorrädern, insbesondere für den Motorrad-Geländesport und das Moto Cross, einen Namen. Wenn auch zuletzt auf kleiner Sparflamme, hielt Maico mit dem Motorradbau länger durch als die meisten anderen deutschen Hersteller. Nach Konkursen und Besitzerwechseln stand die Marke immerhin noch bis zum Jahr 2000 in den Katalogen.

Ein nur relativ kurzes Gastspiel gab 1978 ein Mofa, dessen ein PS leistender, gebläsegekühlter Minarelli-Motor für die maximal zulässige Geschwindigkeit von 25 km/h ausreichte. Eine Gangschaltung brauchte es dafür nicht, die Fliehkraftkupplung mit Eingang-Automatik war mofakonform. Auch der Rest kam aus italienischer Fertigung, war das ganze Mofa doch ein Produkt der Firma Bimotor aus Turin. Auffällig waren lediglich die Gussräder mit ihren 18 filigranen Speichen. Das Mofa war ein äußerst solides Fahrzeug mit stabiler Telegabel, einer auf kräftigen Federbeinen abgestützten Schwinge und viel Chrom. 1980 stellte Maico den Vertrieb für das 990 D-Mark teure Mofa, das irgendwie nicht recht in die Angebotspalette passen wollte, schon wieder ein. Der schwäbische Traditionshersteller hatte sich auf die Fertigung von Geländesport- und Moto Cross-Maschinen spezialisiert.

> *Das Maico-Mofa 25 gab zwischen 1978 und 1980 ein kurzes Gastspiel auf dem deutschen Markt.*

Rixe

Die 1921 in Bielefeld gegründete Firma »Rixe & Meyer Maschinen- und Fahrradfabrik GmbH« begann 1935 mit der Fertigung von Motorfahrrädern, und in den fünfziger Jahren stieg Rixe dann zu einem der führenden Motorrad-Konfektionäre mit einem kaum zu überschauenden Angebot zwischen 100 und 250 cm^3 Hubraum auf. Und wie bei Rabeneick und anderen ähnlich strukturierten Herstellern blieb davon Ende der fünfziger Jahre nur noch eine Hunderter mit Sachs-Motor übrig. Dieses kleine Motorrad galt als eine der besten Konstruktionen in diesem Fahrzeugsegment und half sicherlich mit, Rixe als Produzent von Mopeds, Mofas und Leichtkrafträdern bis in die achtziger Jahre hinein überleben zu lassen.

Nachdem aber in Bielefeld 1966 nicht einmal mehr 50 Exemplare der stetig weiterentwickelten Hunderter gebaut wurden, ließ man die Produktion 1967 auslaufen. Rixe konzentrierte sich fortan durchaus mit gutem Erfolg auf den noch wachsenden Markt der 50er-Mofas, -Mopeds und -Mokicks und später auch der 80er-Leichtkrafträder.

> Das Rixe-Moped Standard H in seiner letzten Ausführung von 1973.

1965–1973

Mitte der 1960er Jahre war Rixe noch mit einigen Mopedmodellen unterwegs, die ihren Ursprung schon in den 1950er Jahren hatten. Es handelte sich um Rohrrahmen-Modelle mit der Bezeichnung »Standard«, die noch zwei Kettenantriebe zum Hinterrad benötigten, aber ohne Federung des Hecks auskommen mussten. Das Zweigang-Getriebe des Fichtel-&-Sachs-Motors wurde per Drehgriff geschaltet. Das Modell »Standard-Luxus« war mit tiefer gezogenen Schutzblechen und einem »Pedal-Kickstarter« ausgerüstet. Es konnte wahlweise vom Zweigangmotor oder dem Sachs-Triebwerk mit Fliehkraftkupplung (Eingang-Automatik) angetrieben werden und hieß dann »Standard-Saxonette«. Ab 1966 dann nur noch »Saxonette« mit Zweigang-Automatik.

Schließlich war da noch das Modell »Export de Luxe-Super« mit viel Blech – unter anderem einer staubdicht gekapselten Kette.

Während sich die einfachen Standard-Mopeds mit mehr oder weniger leichten Modifikationen bis 1973 im Programm hielten, war das Exportmodell 1970 schon nicht mehr im Rixe-Angebot.

Nicht vergessen werden darf an dieser Stelle das sogenannte »Geschäftsmoped«, bei dem über dem kleineren Vorderrad ein großer Gepäckträger angebracht war. Dieses Moped tauchte immer mal wieder in den Katalogen auf und war letztlich bis 1975 in geringen Stückzahlen gebaut worden.

Der Startschuss zur Serienproduktion von Mofas fiel im Jahr 1966. Alle Rixe-Mofas hörten vorläufig auf den Namen »Libelle«, ein Buchstabe als Anhängsel klärte über die Ausführung auf. Den Anfang machte die Libelle D mit dem gebläsegekühlten Zweigangmotor mit

Modell »Libelle« D

> Die Libelle D in der ersten Ausführung aus einem Prospekt von 1966.

Modell »Libelle« E

> Das Modell E in der gleichen Ausführung, jetzt aber mit einer auf zwei Federbeinen abgestützten Hinterradschwinge.

> Der neue, liegende Sachs-Mofamotor und der hohe Lenker kennzeichneten die Libelle F, die bis auf den Schwingsattel ungefedert blieb.

> Das Modell Libelle FTH setzte 1973 die Serie der Rohrrahmen-Mofas von Rixe fort, jetzt allradgefedert, mit geradlinigem Design und dem Motor 504-1 B von Sachs.

> Letzte Ausführung der Rixe-Modelle Libelle D und Libelle E (Foto) von 1973.

> Die Libelle GTH setzte 1973 die Mofalinie von Rixe mit Pressstahl-Tankrahmen fort.

> Das Moped »Mono 40« hielt sich nicht lange im Rixe-Programm.

> Hoher Lenker und noch höhere Rückenlehne – mit dem Modell »High Sport« nahm auch Rixe ein Easy-Rider-Mofa ins Programm.

> *Als »High Sport Super« gab es die Maschine auch mit Hinterradfederung und offenen Federbeinen. Als Antrieb diente immer noch der alte Sachs-Gebläsemotor.*

Telegabel, aber ohne Hinterradfederung, gefolgt von der Libelle E mit dem gleichen Motor, aber einer Hinterradschwinge, und dem Modell F mit Zweigang-Automatik und High-Riser-Lenker, aber komplett ungefedert. Diese Maschinen waren bis 1973 im Angebot.

Ein kürzeres Gastspiel im Rixe-Programm hatte das Moped »Mono 40«, das sich antriebsmäßig und optisch an die Libelle F anlehnte, jedoch über eine Telegabel verfügte.

Ab 1968 kam bei Rixe der Eingang-Automatikmotor von Sachs in den Modellen Libelle G (ohne Federung) und GT (mit Telegabel) zum Einsatz. Beide Mofas hatten auch erstmals bei Rixe einen Rahmen aus Pressstahl. Mit gleicher Motorisierung und Ausstattung (beide mit Telegabel) folgten 1971 die beiden Rohrrahmen-Modelle Libelle FS und Libelle FT. Letztere hielt sich bis 1976 im Programm. 1973 kam als Ergänzung das Modell FTH mit Hinterradfederung, geraden Linien und viel Chrom auf den Markt. Der Pressstahl-Typ GT wurde im gleichen Jahr durch das optisch modernisierte Modell GTH ersetzt.

Um bei den »Bonanza-Bikes« mitzumischen, stellte Rixe ab 1973 die High-Sport-Modelle auf die Räder, die es mit oder ohne Hinterradschwinge gab.

Übersicht der Rixe-Modelle 1965–1973

Modell	Art	Motor	Leistung PS	Getriebe	Rahmen	Federung v/h	Bauzeit
Standard Luxus	Moped	Sachs-Zweitakt	2,6	2-Gang-Hand	Rohrrahmen	Kurzschwinge/keine	1965–1973
Standard L/H	Moped	Sachs-Zweitakt	2,6	2-Gang-Hand	Rohrrahmen	Telegabel/Schwinge	1966–1974
Saxonette	Moped	Sachs-Zweitakt	2,6	2-Gang Aut.	Rohrrahmen	Kurzschwinge/Schwinge	1965–1970
Libelle D	Mofa	Sachs-Zweitakt	k. A.	2-Gang-Hand	Rohrrahmen	Telegabel/keine	1966–1973
Libelle E	Mofa	Sachs-Zweitakt	k. A.	2-Gang-Hand	Rohrrahmen	Telegabel/Schwinge	1966–1973
Libelle F	Mofa	Sachs-Zweitakt	2,6	2-Gang Aut.	Rohrrahmen	keine/keine	1966–1973
Mono 40	Moped	Sachs-Zweitakt	2,6	2-Gang Aut.	Rohrrahmen	Telegabel/keine	1966–1968
Geschäftsmoped	Moped	Sachs-Zweitakt	2,6	2-Gang Aut.	Rohrrahmen	keine/keine	1966–1975
Libelle G	Mofa	Sachs-Zweitakt	1,4	1-Gang Aut.	Pressstahl	keine/keine	1968–1971
Libelle GT	Mofa	Sachs-Zweitakt	1,4	1-Gang Aut.	Pressstahl	Telegabel/keine	1968–1973
Libelle F	Mofa	Sachs-Zweitakt	1,4	1-Gang Aut.	Rohrrahmen	Telegabel/keine	1971–1973
Libelle FT	Mofa	Sachs-Zweitakt	1,4	1-Gang Aut.	Rohrrahmen	Telegabel/keine	1971–1976
Libelle FTH	Mofa	Sachs-Zweitakt	1,5	1-Gang Aut.	Rohrrahmen	Telegabel/Schwinge	1973–1975
Libelle GTH	Mofa	Sachs-Zweitakt	1,5	1-Gang Aut.	Pressstahl	Telegabel/Schwinge	1973–1975
High Sport	Mofa	Sachs-Zweitakt	1,5	2-Gang-Hand	Rohrrahmen	Telegabel/keine	1973–1975
High Sport Super	Mofa	Sachs-Zweitakt	1,5	2-Gang-Hand	Rohrrahmen	Telegabel/Schwinge	1973–1975
Libelle E 21	Mofa	Sachs-Zweitakt	1,5	2-Gang-Hand	Rohrrahmen	Telegabel/Schwinge	1973–1975

1974–1984

1974 kamen die optisch veränderte Libelle E 23 und als neues Moped der Typ »Tourismo 4«, wahlweise mit Zwei- oder Dreigang-Handschaltung, auf den Markt.

Für das Modelljahr 1976/77 kamen zwei Zusatzbezeichnungen an die Fahrzeuge: Das Modell FTH mit Eingang-Automatik (wahlweise war auch die Zweigang-Handschaltung möglich) bekam jetzt die Bezeichnung »Champion«, und das noch 1973 eingeführte Mofa E 21 mit Zweigang-Handschaltung nannte sich jetzt »Tourismo«, wie schon das zuvor eingeführte Moped. Beim Mofa High Sport war die Rückenlehne entfallen, ebenso wie der Gebläsemotor jetzt aus dem Rixe-Programm gestrichen worden war.

Mit der Aufsplitterung der Mofamodelle FTH (Champion) und GTH (Libelle) auf je drei lieferbare Sachs-Triebwerke mit Eingang-Automatik, Zweigang-Handschaltung und Ein- oder Zweikettenbetrieb standen 1975 neben den Modellen FT, E 21 und High Sport noch sechs weitere Rixe-Mofas im Lieferprogramm. Mit dem Typ SL Tourismo blieb weiterhin ein Moped im Angebot. Auch die FT-Modelle ohne Hirafe wurden 1976 in zwei Typen aufgesplittet und erhielten die Bezeichnung »Champion«.

Als ab 1978 Aludruckgussräder ins Spiel kamen, ergab sich eine weitere Aufsplitterung der Zweigangmodelle, die wahlweise auch weiterhin mit Drahtspeichenrädern geliefert werden konnten.

> *Für das Modelljahr 1976 erhielt das Zweigang-Mofa E 21 die Zusatzbezeichnung »Tourismo«.*

> *Das Mofa High Sport wurde ab 1976 vom waagerecht liegenden Sachs Zweigangmotor 505 2/B angetrieben.*

> *»Champion« war die neue Bezeichnung für das Mofa FTH mit Eingang-Automatik.*

> *Das Moped SL »Tourismo« unterschied sich äußerlich nicht vom Mofa E 21, konnte aber 40 km/h schnell fahren.*

Neu ins Programm kam das Sportmofa R 503/3-Gang, ebenfalls in Alu- oder Speichenräder unterteilt. Eine mögliche Vierleuchten-Blinkanlage brachte weitere Modellvarianten. Und auch wenn sich die Zahlen- und Buchstaben-Kombinationen in den Jahren nach 1979 immer wieder änderten, blieb es doch bei den gleichen Fahrzeugen. Mit den beginnenden finanziellen Problemen dünnten die Bielefelder die Angebotspalette 1984 deutlich aus. Aber es nützte nichts – am 4. Januar 1985 musste Rixe Insolvenz anmelden.

> Jeder renommierte Mofahersteller musste Ende der 70er Jahre ein Dreigang-Sportmofa anbieten. Bei Rixe hieß das R 503 – eines der Besten, das es auf dem deutschen Markt gab. (Foto: Tim Plocher)*

> Der Typ Champion FT mit Rohrrahmen und ohne Hinterradfederung blieb bis 1983 das preiswerteste Einstiegsmodell.

> Beim Champion FTH stand der letzte Buchstabe für die Hirafe, Speichen- oder Druckgussfelgen waren wahlweise im Angebot.

> Die Libelle-Typen mit Pressstahl-Tankrahmen waren ebenfalls bis 1983 im Angebot. Im Bild das Modell GTH von 1980.

> Letzte Ausführung des Modells High Sport mit viel Chrom und Alu-Gussfelgen.

Übersicht der Rixe-Modelle 1974–1984							
Modell	**Art**	**Motor**	**Leistung PS**	**Getriebe**	**Rahmen**	**Federung v/h**	**Bauzeit**
Libele E 23	Mofa	Sachs-Zweitakt	1,5	2-Gang-Hand	Rohrrahmen	Telegabel/Schwinge	1974–1975
Tourismo 4	Moped	Sachs-Zweitakt	2,6	2/3-Gang	Rohrrahmen	Telegabel/Schwinge	1974–1975
Champion FTH 504/1	Mofa	Sachs-Zweitakt	1,5	1-Gang-Aut.	Rohrrahmen	Telegabel/Schwinge	1975-1978
Champion FTH 505/1	Mofa	Sachs-Zweitakt	1,5	1-Gang-Aut.	Rohrrahmen	Telegabel/Schwinge	1975-1983
Champion FTH 505/2	Mofa	Sachs-Zweitakt	1,5	2-Gang-Hand	Rohrrahmen	Telegabel/Schwinge	1975-1983
Libelle GTH 504/1	Mofa	Sachs-Zweitakt	1,5	1-Gang-Aut.	Pressstahl	Telegabel/Schwinge	1975–1978
Libelle GTH 505/1	Mofa	Sachs-Zweitakt	1,5	1-Gang-Aut.	Pressstahl	Telegabel/Schwinge	1975–1983
Libelle GTH 505/2	Mofa	Sachs-Zweitakt	1,5	2-Gang-Hand	Pressstahl	Telegabel/Schwinge	1975–1983
E 21 Tourismo 505/2	Mofa	Sachs-Zweitakt	1,5	2-Gang-Hand	Rohrrahmen	Telegabel/Schwinge	1975–1979
SL Tourismo	Moped	Sachs-Zweitakt	2,5	2-Gang-Hand	Rohrrahmen	Telegabel/Schwinge	1976–1984
High Sport 505/2	Mofa	Sachs-Zweitakt	1,5	2-Gang-Hand	Rohrrahmen	Telegabel/Schwinge	1976–1984
FT Champion 505/1	Mofa	Sachs-Zweitakt	1,5	1-Gang-Aut.	Rohrrahmen	Telegabel/keine	1976–1983
FT Champion 504/1	Mofa	Sachs-Zweitakt	1,5	1-Gang-Aut.	Rohrrahmen	Telegabel/keine	1976–1978
R 503/3-Gang	Sportmofa	Sachs-Zweitakt	1,5	3-Gang-Hand	Rohrrahmen	Telegabel/Schwinge	1978–1984
Tourismo ELS	Mofa	Sachs-Zweitakt	1,4	2-Gang-Hand	Rohrrahmen	Telegabel/Schwinge	1975–1984
Tourismo E 505/2	Mofa	Sachs-Zweitakt	1,4	2-Gang-Hand	Rohrrahmen	Telegabel/Schwinge	1979–1984

Sachs

Bevor die aus dem Hercules-Programm übrig gebliebenen Mopeds und Mofas vorgestellt werden, muss zunächst die Geschichte ihrer Motoren, die zu den weltweit meistverbreiteten Antriebsaggregaten dieser Klassen gehörten, ein wenig beleuchtet werden.

Am 1. August 1895 gründeten Karl Fichtel und Ernst Sachs die »Schweinfurter Präcisions-Kugellagerwerke Fichtel & Sachs oHG«. Der Fokus lag anfangs auf der Produktion von Fahrrädern und deren Zubehör. Es kam zu Erfindungen, die weltweit Bedeutung erlangten, wie dem Freilauf oder der Torpedo-Freilaufnabe, die sich weltweit zu Verkaufshits entwickelten.

Nach dem Ersten Weltkrieg konzentrierte sich die Firma auf die Herstellung von Kupplungen, Stoßdämpfern und Motoren.

In den 1930er Jahren lieferte F & S hunderttausende Ein- und Anbaumotoren für Motorfahrräder und Fahrräder.

Die Motoren Sachs 50 »Saxonette« bis 506

Am 10. August 1961 gab F & S eine Pressemitteilung heraus, die den neuen Mopedmotor Sachs 50 »Saxonette« vorstellte. Der Begriff war

> *Im Sommer 1961 vorgestellt: Der Eingang-Automatikmotor Sachs 50 »Saxonette«.*

> *1966 kam mit dem Modell 502/1 der erste liegende Motor von F & S an Mofas und Mopeds.*

> *Zu Beginn der 70er Jahre war der Sachsmotor 504 eines der modernsten Mofa- und Moped-Triebwerke.*

> *Mit dem Motor-Typ 504 war immer noch der separate Fahrradantrieb – links unten im Bild erkennbar – notwendig, ...*

> *... der beim Typ 505 wegfiel. Tretlager- und Kickstartereinrichtung waren in der »Einkettenausführung« integriert.*

aus früheren Zeiten von einem Anbaumotor her bekannt, jetzt stand er für den ersten Sachs-Eingang-Motor mit automatischer Fliehkraftkupplung. Und somit den ersten Mofamotor, der anfänglich vor allem in den Export ging.

1966 kam mit dem Modell 502 dann der erste liegende Motor mit gekapseltem Vergaser von F & S an die Mofas. In verschiedenen Ausführungen von 0,8 bis 2 PS, aber stets mit Eingang-Automatik.

Wenn es für Mofa oder Moped zwei Getriebegänge sein sollten, blieb der weiterentwickelte Sachs 50 als /2 im klassischen Design mit stehendem Zylinder bis in die 70er Jahre hinein im Angebot, mit Handschaltung oder Automatik, Fahrtwind- oder Gebläsekühlung. Waren gar drei Gänge fürs Moped gefragt, lieferte Fichtel & Sachs ab 1971 den Motor-Typ 50/3.

1972 löste der weiterentwickelte Motor 504 das Modell 502 ab (der Motor 503 mit 0,8 bis 1,2 PS blieb dem Schweizer Markt vorbehalten). Der Motor 504/1 A mit Eingang-Automatik und 1,5 PS für Mofas, der Typ 504/1 B mit 1,8 PS und ebenfalls Eingang-Automatik für Mopeds. Das Ganze wiederholte sich dann mit dem Motor-Typ 504/2 mit Zweigang-Handschaltung.

1974 brachte Fichtel & Sachs in Schweinfurt mit dem Modell 505 parallel zum Typ 504 einen neuen Motor heraus, der den Antrieb von Mofas revolutionierte. Erstmals gab es eine integrierte Tretlager- und

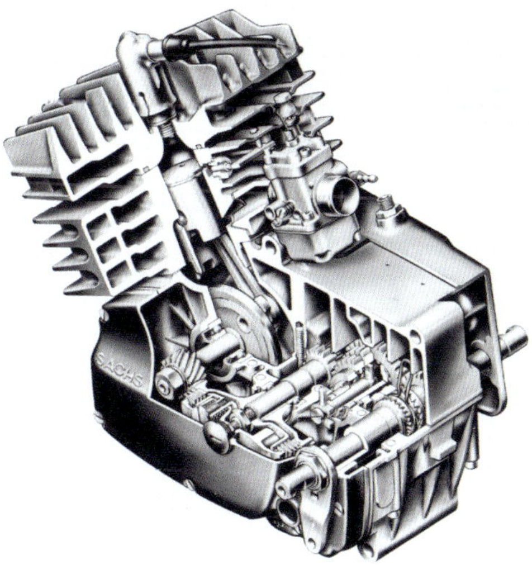

> *Der für Sportmofas und Mokicks entwickelte Sachsmotor 506 mit Dreigang-Hand- oder Viergang-Fußschaltung.*

> *Unmittelbar nach dem Verkauf der Marke Hercules wurden die Fahrzeuge mit dem Sachs-Schriftzug beklebt und mit den bestehenden Typenbezeichnungen weitergeführt.*

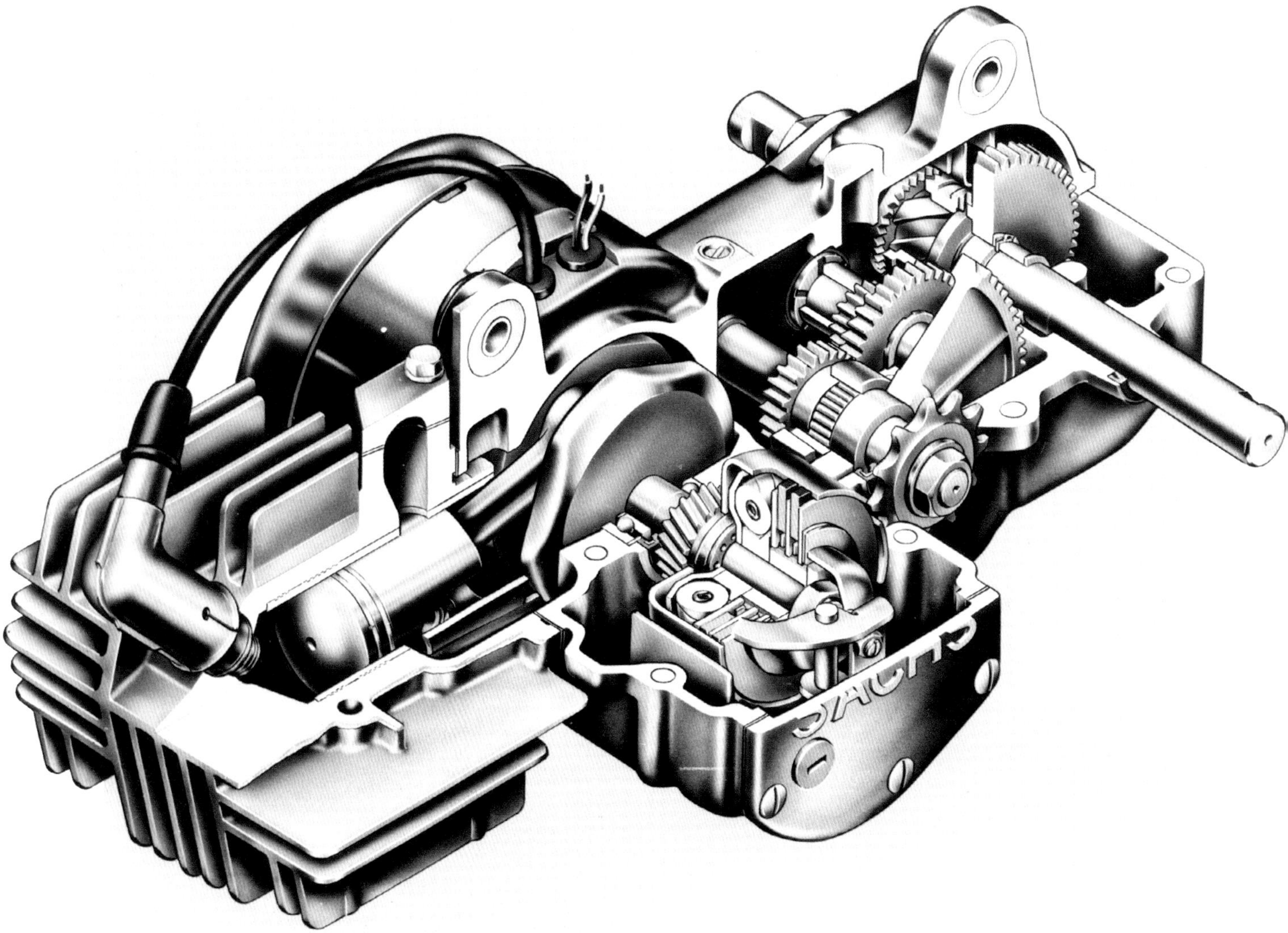

> *Der aufgeschnittene Sachsmotor 505/1 mit Eingang-Automatik ...*

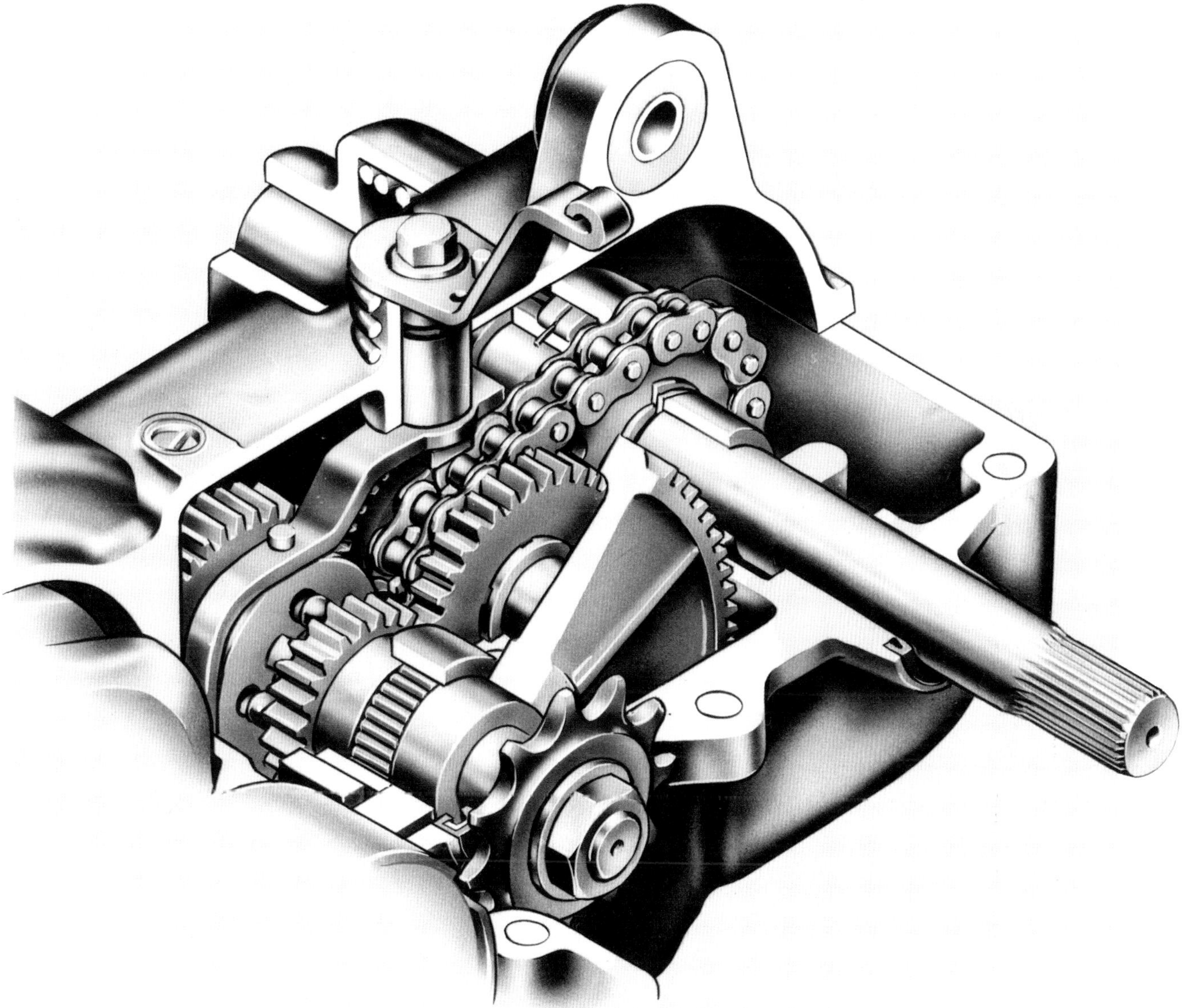

> ... und die Getriebeabteilung des Typs 505/2 mit Zweigang-Handschaltung. Alle Motoren konnten in Leistung und Endgeschwindigkeit den jeweiligen Landesvorschriften angepasst werden.

> Das Moped »Optima«, ab 1997 mit dem Zusatz »50« geführt, wurde noch bis 2004 angeboten.

> Das letzte verbliebene Pressstahl-Tankrahmen-Mofa »Prima 2« in der Ausführung von 1998.

> Auch die »Prima 5« blieb ein Dauerbrenner im Sachs-Programm und wurde bis 2004 produziert.

> Eine Besonderheit unter den Mofas war schon zu Hercules-Zeiten das MX 1 mit Fußschaltung und Kickstarter.

Kickstartereinrichtung, die eine zweite Antriebskette zum Hinterrad unnötig machte. Man sprach von der »Einkettenausführung«, von der erstmals das Hercules-Mofa M 5 profitiert hatte. Die Motorleistungen und Getriebeausführungen entsprachen dem Typ 504.

Für die zum Ende der 70er Jahre hin aufkommenden Sport- und Enduro-Mofas musste ein entsprechend aussehender neuer Motor mit stehendem Zylinder her. Dafür und für anstehende neue Mokick-Generationen entwickelte F & S den Motor-Typ 506 mit Alu-Breitwandzylinder, Drei- oder Vierganggetriebe, Tretlager oder Kickstarter. In der späteren Weiterentwicklung als Typ 506/38 konnte noch das Drehmoment verbessert werden.

Sachs-Bike

Fichtel & Sachs war 1991 von Mannesmann übernommen worden und musste in der Neuausrichtung des Konzerns 1997 die Motorenproduktion einstellen. Die wurde nun teilweise von der schon 1995 gegründeten Sachs Fahrzeug- und Motorentechnik GmbH weitergeführt, die nach dem Verkauf der Hercules-Markenrechte die Fertigung der 50-cm³-Fahrzeuge unter der Marke »Sachs-Bike«, später nur noch als »Sachs« fortsetzte.

Bis 1998 blieb nun das Mofa Prima 2 mit Eingang-Automatik und Pressstahlrahmen im Programm, das für das Jahr darauf vom Modell Prima 4 mit Rohrrahmen abgelöst wurde. Damit war die Ära der Pressstahl-Mofas vorbei. Als Dauerbrenner blieben die Mofas Prima 5 mit Zweigang-Handschaltung und MX 1 mit Zweigang-Fußschaltung im Programm. Auch die Produktion des letzten verbliebenen Mopeds Optima 50 wurde über das Jahr 2000 weitergeführt.

Ein Sachs-Fahrzeug soll an dieser Stelle nicht vergessen werden: 1987, pünktlich zum 50-jährigen Jubiläum und zur Einführung der neuen Klasse der »Leichtmofas«, präsentierte F & S eine zeitgemäße Version des Saxonette-Aggregats. Es liegt auf der Hand, dass dieser Motor nach so langer Zeit kaum noch etwas mit seinem berühmten Vorbild zu tun hatte. Vielmehr ging es darum, mit dieser Reminiszenz und der Verwendung des legendären Namens den Verkauf zu fördern. Bei der Saxonette der zweiten Generation handelte es sich um ein Fahrrad mit 30-cm³-Radnabenmotor, das zunächst unter dem Label Hercules verkauft wurde. 0,7 PS leistete der Motor, und die Saxonette wurde unter verschiedenen Bezeichnungen noch bis 2011 produziert.

> *Sollte zumindest nicht unerwähnt bleiben: Die Saxonette war bis 2011 das am längsten gebaute Sachs-Fahrzeug mit einem Verbrennermotor.*

Übersicht der Sachs-Modelle

Modell	Art	Motor	Leistung PS	Getriebe	Rahmen	Federung v/h	Bauzeit
Sachs Prima 2	Mofa	Sachs-Zweitakt	1,6	1-Gang-Aut.	Pressstahl	Telegabel/Schwinge	1996–1998
Sachs Prima 5	Mofa	Sachs-Zweitakt	1,6	2-Gang-Hand	Zentralrohr	Telegabel/Schwinge	1996–2004
Sachs MX 1	Mofa	Sachs-Zweitakt	1,6	2-Gang-Hand	Zentralrohr	Telegabel/Schwinge	1996–2000
Sachs Optima 50	Moped	Sachs-Zweitakt	3	2-Gang-Hand	Zentralrohr	Telegabel/Schwinge	1996–2004
Sachs Prima 4	Mofa	Sachs-Zweitakt	1,6	1-Gang-Aut.	Zentralrohr	Telegabel/Schwinge	1999–2004

Simson

Man kann es so sehen: Da die Bundesrepublik Deutschland die DDR nie als eigenständigen Staat anerkannt hat, darf die Marke Simson aus dem thüringischen Suhl durchaus auch im Kapitel der übrigen deutschen Mopeds und Mofas stehen. Was heißt der übrigen? Simson produzierte viele Jahre weit mehr motorisierte Zweiräder als alle in diesem Kapitel aufgeführten Firmen zusammen. Selbst die etablierten deutschen Marken erreichten alle zusammengenommen längst nicht diese Produktionszahlen. 1979 hatte Simson mit dem Motor M 541 ein Zweitakttriebwerk mit 49 cm³ auf den Markt gebracht, das im Mokickbereich wahrscheinlich das Beste auf dem Weltmarkt war. Nicht umsonst sind heute noch tausende Simson-Maschinen, von diesem Motor angetrieben, in aller Welt im täglichen Einsatz unterwegs.

Moped und Mofas bis 1972

Nach der »Schwalbe« war der »Spatz« 1964 das zweite Fahrzeug der sogenannten »Vogelserie«. Als Moped mit der Zusatzbezeichnung »P« folgte er direkt dem SR 2 E, und als Mokick mit Kickstarter und dem Zusatz »K« rangierte er vor dem später erscheinenden »Star«. Auch in

> Der Pedal-Spatz war das letzte echte Moped von Simson in Suhl.

> *Als dann 1971 doch die Kurzschwinge für das Vorderrad kam, war der Ruf des Simson-Mofas schon ruiniert.*

> *Für das Scheitern des Simson-Mofas SL 1 gab es mehrere Gründe, ganz ohne Federung war es für Exportmärkte uninteressant.*

> *Mofa trotz Fußrasten: Mit dem Habicht 25 versuchte Simson, die alten, erfolgreichen Vogelnamen wieder einzuführen.*

seinen Bauteilen war er noch eine Mischung aus Alt und Neu: Die Vorderradführung, die Lampe, der Lenker und andere nicht so sichtbare Teile stammten vom letzten Stand des KR 50 bzw. des SR 2 E, die hintere Partie zeigte die neue Suhler Linie.

Der »Spatz« wurde auch in der Bundesrepublik zum Kampfpreis von DM 548 angeboten – viel Interesse fand er im Westen dennoch nicht. 1967 endete seine Fertigung als Moped.

Dem im Westen aufkommenden Mofatrend wollte Simson mit dem SL 1 ab Sommer 1970 auch in der DDR folgen. Was dann aber auf den Markt kam, entsprach nicht unbedingt den Wünschen der Simson-Ingenieure, sondern war den staatlichen Vorgaben, vor allem bei der Preisgestaltung, geschuldet. Schmerzlich war vor allem der Verzicht auf eine Vorderradfederung.

Ab Mitte August 1971 durfte dann mit staatlicher Genehmigung doch die Vorderradfederung eingesetzt werden. Eine aus früheren Simson-Tagen bekannte, um das Schutzblech herumlaufende Kurzschwinge mit Schraubenfedern machte das Fahren mit dem Mofa angenehmer. Das neue SL 1 S erhielt zudem einen zusätzlichen Gepäckträger über dem Tank und eine marmorweiß/blaue Lackierung. Trotz allem stagnierte die Nachfrage; die hohen Erwartungen, die in das Mofa gesetzt wurden, erfüllten sich nicht. Die Wirtschaftsstrategen ordneten den Produktionsstopp zum 31. März 1972 an.

Die letzten Simson-Mofas ab 1996

Die Absatzsituation bei der nach der Wende mehrfach gehäuteten Firma Simson verschlechterte sich ab Mitte der neunziger Jahre dramatisch. Da half es auch nichts, dass Simson neben dem Star noch weitere altbekannte Vogelnamen wieder auferstehen ließ: Die Mokicks und Mofa-Mokicks der bisherigen Baureihen erhielten die Bezeichnung »Habicht« und »Sperber«. Durch die Trennung in 25er-, 50er und 80er-Modelle sowie diverse verschiedene Ausstattungsvarianten ergab sich eine kaum noch zu durchschauende Fülle von Fahrzeugen im 1997er Simson-Katalog. So zum Beispiel den als »Fun-Bike« bezeichneten Sperber »Beach Racer«, der ab 1998 auch in der gedrosselten, einsitzigen Mofaversion erschien.

Als neues Funbike präsentierte Simson 1999 wieder einen »Spatz«, eine Mischung aus Roller und Mokick. Ideal für Camping-, Caravan- und Bootstouristik, meinten die Werbestrategen zu dem kleinen Zweirad, das auf 12er-Reifen daherrollte. Weitere interessante Zutaten waren ein Automatik-Getriebe, ein Katalysator und der Elektrostarter. Der Spatz lief gar nicht so schlecht und durfte bis zum bitteren Ende der Marke Simson im Programm bleiben.

> *Auch beim Sperber Beach Racer 25 blieben die Stückzahlen äußerst gering.*

> *Der neue Spatz verkaufte sich zwar auch als Mofa recht ordentlich, konnte aber das endgültige Aus für Simson nicht verhindern.*

Übersicht der Simson-Modelle

Modell	Art	Motor	Leistung PS	Getriebe	Rahmen	Federung v/h	Bauzeit
SR 4-1 Spatz	Moped	Rheinmetall-Zweitakt	2	2-Gang-Hand	Rohrprägerahmen	Schwinge/Schwinge	1964–1967
Mofa SL 1	Mofa	Simson-Zweitakt	1,6	1-Gang-Aut.	Pressstahl	keine/keine	1970–1971
Mofa SL 1 S	Mofa	Simson-Zweitakt	1,6	1-Gang-Aut.	Pressstahl	Schwinge/keine	1971–1972
Habicht 25	Mofa	Simson-Zweitakt	1,56	3-Gang-Hand	Stahlrohr	Telegabel/Schwinge	1996–2001
Sperber 25	Mofa	Simson-Zweitakt	1,56	3-Gang-Hand	Stahlrohr m. Unterzug	Telegabel/Schwinge	1998
Spatz 25	Mofa	Simson-Zweitakt	1,56	Autom. Stufenlos	Giterrohr	Telegabel/Schwinge	1999–2002

Solo

Die SOLO Kleinmotoren GmbH wurde am 10. Januar 1948 als Hersteller von kleinen Zweitaktmotoren in Maichingen bei Sindelfingen gegründet. Erste Einsatzgebiete waren Rasenmäher, Pumpen sowie Mofas. In den 1950er Jahren wurde die Produktpalette um tragbare Motorstäubegeräte, Motorspritzen, Motorhacken und schließlich Motorsägen erweitert. SOLO war 1958 mit dem Modell Rex der erste Hersteller einer direkt angetriebenen Motorsäge in Europa.

1970–1976

Mit dem Aufkommen der Mofas in Deutschland schien das für die Maichinger Firma mit ihren kleinen Zweitaktmotoren eine ideale Möglichkeit, die Produktpalette zu erweitern. Und so entstand 1970 eine neue Produktionslinie für Mofas/Mopeds und auch gleich für Außenbordmotoren – ebenfalls gerade sehr angesagt.

Mit den selbstentwickelten und -gefertigten Motoren stachen SOLO-Mofas immer wieder aus der Masse heraus.

Den Anfang machten die Pressstahlrahmen-Modelle 705 und 706, mit Kurzschwinge vorn, aber noch ohne Hinterradfederung. Der Solo-Eingang-Automatikmotor leistete für das Mofa – am Hinterrad angebracht – 1,1 PS, für das Moped waren 1,6 PS ausreichend, um die 40 km/h zu erreichen.

Im Jahr darauf kamen mit den Typen 720 und 721 je ein Mofa und ein Moped mit Rohrrahmen (Vierkantrohr) und Hinterradschwinge heraus. Und natürlich musste jeder Mofahersteller, der etwas auf sich hielt, ein City-Bike mit Minirädern im Angebot haben, bei Solo war das 1972 der Typ 707. In den Folgejahren blieb es zunächst bei den Modellen mit Pressstahl- oder Rohrrahmen, mit oder ohne Hinterradfederung. Für das Modelljahr 1973 wechselte Solo von der Kurzschwinge am Vorderrad zur Telegabel.

Mit dem 1972 vorgestellten Elektromofa »SOLO Electra« (SOLO 720) mit 500-W-Elektromotor und zwei Akkumulatoren mit 12 V/40 Ah nahm Solo die Zukunft vorweg. Nur 1200 dieser innovativen Fahrzeuge wurden gebaut – die Zeit war noch lange nicht reif dafür.

Und auch Solo brauchte sein Bonanza-Rad: »Club Rider« nannte sich das Mofa oder Moped hier, charakteristisch der ultrahohe Lenker und der Sattel mit Rückenlehne.

Solo produzierte schon seit 1972 Mofas und Mopeds für das Versandhaus Quelle. Die liefen dort unter der Marke »Mars«, waren überwiegend baugleich mit den Solo-Modellen, wiesen aber auch optische Änderungen auf.

1974 kam Solo mit einem vermeintlichen Knüller auf den Markt: dem flüssigkeitsgekühlten Mofa- und Mopedmotor. Ein flüssigkeitsgefüllter Kühlmantel umhüllte dabei den Brennraum und sollte den Motor leiser und temperaturunempfindlicher machen – bei Wärme wie bei Kälte. Einen Wärmeaustausch außerhalb des Zylinders gab es nicht, so dass – bis auf den optisch etwas größeren Zylinder – diese Art der Kühlung kaum auffiel. 20 D-Mark mehr mussten 1974 für die Modelle 712 (Mofa) und 713 (Moped) mit Flüssigkeitskühlung gelöhnt werden.

> Die Solo-Mofas und -Mopeds der frühen 70er Jahre ohne Hirafe und mit Kurzschwinge vorn. Die Presstahl-Tankrahmen-Mofas hatten den Motor noch seitlich am Hinterrad.

> Bei den 72er Solo-Modellen wurde das Vorderrad zunächst immer noch von einer Kurzschwinge gefedert.

> Das Standard-Mofa Typ 710 als Einstiegsmodell mit Rohrrahmen, aber ohne Hinterradfederung.

solo electra

Das erste elektrisch betriebene Mofa der Welt

Hier hat die Zukunft schon begonnen. Was bei Autos bisher nicht gelang, verwirklichten SOLO und BOSCH im SOLO electra: ein umweltfreundliches Fahrzeug ohne Lärm und Abgase. Angetrieben durch die derzeit billigste Energie. Mit einer Akku-Ladung aus der Steckdose für ca. 10 Pfennig fahren Sie 30–40 km weit. Oder 100 km für rund 30 Pfennig. Das ideale Einkaufsfahrzeug für die Hausfrau, weil wirklich problemlos zu bedienen. Keinerlei Startvorbereitungen – einfach draufsitzen, einschalten und losfahren. Über Nacht in der Garage nachgeladen, ist das SOLO electra jeden Morgen wieder startklar. Ein Meßgerät im Blickfeld des Fahrers zeigt jederzeit den Batteriezustand an. Bergsteigfähigkeit bis zu 15%! Das ist mehr, als ein vergleichbares Benzinmofa bieten kann – auch in der Beschleunigung!

Breite Rollerbereifung, Teleskopfederung vorn und hinten, Trommelbremsen sowie der sehr niedrige Schwerpunkt machen das Fahrzeug im Verkehr sicher und handlich. Kunststoffbeschichteter Rahmen und rostfreie Stahl-Schutzbleche zeugen für erstklassige Qualität. Hauptschalter mit Schlüssel und zusätzlich Lenkerschloß schützen doppelt vor unbefugten Händen.

6 Monate Werksgarantie ohne Kilometerbegrenzung!

> Sehr fortschrittlich, aber dennoch erfolglos: Das Elektro-Mofa von Solo konnte sich noch nicht am Markt durchsetzen.

> »Club Rider« nannte Solo seine Mofas (Foto) und Mopeds im Bonanza- oder Easy Rider-Stil.

> Die Solo-Typen 715 und 716 ab 1973 mit optischen Retuschen und einer Telegabel.

> City Bike (links) und Club Rider (Mopedversion) als Mars-Quelle-Typen Pull-Roller und Top Rider 40.

> Das Solo-Moped Modell 713 mit flüssigkeitsgekühltem Zweitaktmotor.

> Die Luxusversion des gleichen Fahrzeugs mit umkleidetem Gepäckträger und verchromten Schutzblechen.

> *Das Solo-Mofa 715 als Mars Luxus 25 von Quelle aus dem Jahr 1974.*

Übersicht der Solo-Modelle 1970–1976

Modell	Art	Motor	Leistung PS	Getriebe	Rahmen	Federung v/h	Bauzeit
Solo 705	Mofa	Solo-Zweitakt	1,1	1-Gang-Aut.	Pressstahl	Kurzschwinge/keine	1970–1972
Solo 706	Moped	Solo-Zweitakt	1,6	1-Gang-Aut.	Pressstahl	Kurzschwinge/keine	1970–1972
Solo 720	Mofa	Solo-Zweitakt	1,4	1-Gang-Aut.	Rohrrahmen	Kurzschwinge/Schwinge	1971–1972
Solo 721	Moped	Solo-Zweitakt	2	1-Gang-Aut.	Rohrrahmen	Kurzschwinge/Schwinge	1971–1972
Solo 710	Mofa	Solo-Zweitakt	1,45	1-Gang-Aut.	Rohrrahmen	Kurzschwinge/Schwinge	1972–1975
City-Bike 707 / 704	Mofa	Solo-Zweitakt	1,45	1-Gang-Aut.	Rohrrahmen	Telegabel/Schwinge	1972–1975
Solo 715	Mofa	Solo-Zweitakt	1,45	1-Gang-Aut.	Pressstahl	Kurzschwinge/Schwinge	1972–1976
Solo 716	Moped	Solo-Zweitakt	2,1	1-Gang-Aut.	Pressstahl	Kurzschwinge/Schwinge	1972–1976
716 B Club Rider	Moped	Solo-Zweitakt	2,1	1-Gang-Aut.	Rohrrahmen	Telegabel/Schwinge	1973–1975
715 B Club Rider	Mofa	Solo-Zweitakt	1,5	1-Gang-Aut.	Pressstahl	Telegabel/Schwinge	1973–1976
Solo 712 C	Mofa	Solo-Zweitakt	1,75	1-Gang-Aut.	Pressstahl	Telegabel/Schwinge	1974–1976
Solo 712 D	Mofa	Solo-Zweitakt	1,75	1-Gang-Aut.	Pressstahl	Telegabel/keine	1974–1976
Solo 713 C	Moped	Solo-Zweitakt	2,6	1-Gang-Aut.	Pressstahl	Telegabel/Schwinge	1974–1976

1976–1978

1976 ersetzte das »Mini-Bike« (bei Quelle: Mars Roller Mini-Bike) in der Mofa- und Mopedversion die Club Rider. Neben der Eingang-Automatik gab es die Solo-Fahrzeuge jetzt zusätzlich mit der selbst ernannten »Solomatic«, einer Zweigang-Automatik, die selbsttätig nach Geschwindigkeit und Last schaltete und in der Riemenscheibe auf der Tretlagerwelle untergebracht war. Solo betrieb einen nicht geringen Aufwand, um die eigene Zweigang-Automatik werbewirksam in Szene zu setzen, schließlich bot sie die Möglichkeit, sich von der ungeheuren Masse der Mofaangebote abzusetzen. Viel Erfolg brachte das letztlich nicht, aber in der Folge ließen sich die Mopeds und Mofas von Solo in weitere Typen mit Eingang- oder Zweigang-Automatik unterteilen. Und mit der Einführung von Druckgussfelgen und Edelstahlschutzblechen entstanden bis zum Ende des Jahrzehnts immer neue Typen aus den seit Jahren gebauten Grundmodellen.

Solo versuchte auch weiterhin, innovativ zu bleiben. So propagierten die Schwaben 1978 eine hydraulische Kupplung mit der Bezeichnung »hydro-drive«. Sie sollte bewirken, dass die Fliehkraftkupplung erst

> Das Solo Mini-Bike 725 von 1976 als Mofa mit der klassischen Eingang-Automatik.

> Die Quelle-Variante Mars Roller Mini Bike 25 mit Zweigang-Solomatic.

> Im Herbst 1978 stellten die Sindelfinger die neue Mofa/Moped-Reihe 731 Sport und 732 Sport-SOLOmatic vor – Innovation auch im Design.

bei höheren Drehzahlen und immer im optimalen Drehmoment eingreift. Das Anfahren am Berg sollte damit zum Beispiel erleichtert werden. Ab Herbst 1978 wurden die meisten Solo-Mofas und -Mopeds auf diese Automatik umgestellt.

Neu hinzu kamen gleichzeitig die Modelle 731 (Mofa) und 732 (Moped) mit einem komplett neuen, aber auch gewöhnungsbedürftigen Design.

> *Flüssigkeitskühlung, Solomatic und ab 1978 auch noch »hydro-drive«, die hydraulische Kupplung – Solo versuchte, auf einem heiß umkämpften Markt stets innovativ zu bleiben.*

Übersicht der Solo-Modelle 1976–1978

Modell	Art	Motor	Leistung PS	Getriebe	Rahmen	Federung v/h	Bauzeit
Mini Bike 725	Mofa	Solo-Zweitakt	1,6	1-Gang-Aut.	Pressstahl	Telegabel/Schwinge	1976–1979
Mini Bike 725 SOLOmatic	Mofa	Solo-Zweitakt	1,6	2-Gang-Aut.	Pressstahl	Telegabel/Schwinge	1976–1979
Mini Bike 726 SOLOmatic	Moped	Solo-Zweitakt	2,4	2-Gang-Aut.	Pressstahl	Telegabel/Schwinge	1976–1979
712 de Luxe / SL	Mofa	Solo-Zweitakt	1,6	1-Gang-Aut.	Rohrrahmen	Telegabel/Schwinge	1976–1978
712 SOLOmatic	Mofa	Solo-Zweitakt	1,6	2-Gang-Aut.	Rohrrahmen	Telegabel/Schwinge	1976–1978
713 de Luxe	Moped	Solo-Zweitakt	2,4	1-Gang-Aut.	Rohrrahmen	Telegabel/Schwinge	1976–1977
713 SOLOmatic	Moped	Solo-Zweitakt	2,4	2-Gang-Aut.	Rohrrahmen	Telegabel/Schwinge	1976–1978
713 SL SOLOmatic	Moped	Solo-Zweitakt	2,4	2-Gang-Aut.	Rohrrahmen	Telegabel/Schwinge	1977–1978
712 Luxus	Mofa	Solo-Zweitakt	1,6	1-Gang-Aut.	Rohrrahmen	Telegabel/Schwinge	1978–1979
712 Luxus SOLOmatic	Mofa	Solo-Zweitakt	1,6	2-Gang-Aut.	Rohrrahmen	Telegabel/Schwinge	1978–1979
713 Luxus SOLOmatic	Moped	Solo-Zweitakt	2,4	2-Gang-Aut.	Rohrrahmen	Telegabel/Schwinge	1978–1979
731 Sport SOLOmatic	Mofa	Solo-Zweitakt	1,6	2-Gang-Aut.	Pressstahl	Telegabel/Schwinge	1978–1979
732 Sport SOLOmatic	Moped	Solo-Zweitakt	2,4	2-Gang-Aut.	Pressstahl	Telegabel/Schwinge	1978–1979

1979–1997

Zündeten die Sindelfinger 1979 noch einmal eine Modelloffensive, so brach der Mofamarkt nach 1980 unter anderem durch die Einführung eines Führerscheins dramatisch ein. Mit einem importierten Sportmofa der portugiesischen Firma Casal (siehe Portugal – Casal) versuchte man erfolglos, gegenzusteuern. 1982 waren nur noch die Klassiker der Reihe 712/713 mit Eingang- oder Zweigang-Automatik im Programm. Und das noch für viele Jahre.

Erst 1994 kam Solo noch einmal mit einer neuen Mofa/Moped-Reihe auf den Markt. In der erneuten Zusammenarbeit mit Casal, die das komplette Fahrwerk (mit Zentralfederbein) lieferten, entstand mit den bewährten und jetzt noch einmal optimierten flüssigkeitsgekühlten Solo-Motoren die sogenannte Bossini-Modellreihe 722 und 723. Und schon im Jahr darauf ergänzten die schwarzen Diabolo-Modelle als Mofa (745) oder Moped (746) mit Zweigang-Fußschaltung und Kickstarter das Angebot. Als Casal schon nach einem Jahr die Lieferung der Chassis einstellte, baute Solo bis 1997 noch die Klassiker 712 und 713 weiter, ehe im gleichen Jahr die Fertigung motorisierter Zweiräder in Sindelfingen endete.

> *»Bossini« in Weiß, oder »Diabolo« in Schwarz – das waren die letzten neuen Solo-Mofas Mitte der 90er Jahre mit den Chassis der portugiesischen Firma Casal.*

> *Zu Beginn der 90er Jahre bewarb Solo seine alte Mofa/Moped-Linie als klassisch.*

Übersicht der Solo-Modelle 1979–1997

Modell	Art	Motor	Leistung PS	Getriebe	Rahmen	Federung v/h	Bauzeit
712-1 Super-Luxus	Mofa	Solo-Zweitakt	1,6	1-Gang-Aut.	Rohrrahmen	Telegabel/Schwinge	1979–1997
712-2 Super-Luxus	Mofa	Solo-Zweitakt	1,6	2-Gang-Aut.	Rohrrahmen	Telegabel/Schwinge	1979–1997
731-1 D	Mofa	Solo-Zweitakt	1,6	1-Gang-Aut.	Pressstahl	Telegabel/Schwinge	1979–1981
725-1 Mini-Bike	Mofa	Solo-Zweitakt	1,6	1-Gang-Aut.	Pressstahl	Telegabel/Schwinge	1979–1981
725-2 Mini-Bike	Mofa	Solo-Zweitakt	1,6	2-Gang-Aut.	Pressstahl	Telegabel/Schwinge	1979–1981
713-2 Super-Luxus	Moped	Solo-Zweitakt	2,4	2-Gang-Aut.	Rohrrahmen	Telegabel/Schwinge	1979–1997
726-2 Mini-Bike	Moped	Solo-Zweitakt	2,4	2-Gang-Aut.	Pressstahl	Telegabel/Schwinge	1979–1981
722-1 Bossini	Mofa	Solo-Zweitakt	1,35	1-Gang-Aut.	Pressstahl	Telegabel/Schwinge	1994–1995
722-2 Bossini	Mofa	Solo-Zweitakt	1,35	2-Gang-Aut.	Pressstahl	Telegabel/Schwinge	1994–1996
723-2 Bossini	Moped	Solo-Zweitakt	2,7	2-Gang-Aut.	Pressstahl	Telegabel/Schwinge	1994–1995
745 Diabolo	Mofa	Solo-Zweitakt	1,4	2-Gang-Hand	Pressstahl	Telegabel/Schwinge	1995–1996
746 Diabolo	Moped	Solo-Zweitakt	2,7	2-Gang-Hand	Pressstahl	Telegabel/Schwinge	1995–1996

Zündapp

Um in der neuen Mofa-Klasse präsent zu sein, brachte die inzwischen in München ansässige Traditionsmarke Zündapp 1965 ein völlig neues Fahrzeug heraus, das optisch ein wenig an die frühen Combinette-Modelle erinnerte. Obligatorisch beim Typ 434-02 war der Druckguss-Rohrrahmen, an dem eine auf zwei Federbeine gestützte Hinterradschwinge und zwei Kurzschwingen zur Vorderradführung hingen. Ein einfacher Schwingsattel musste genügen. Der Motor leistete 1,5 PS, das Getriebe kam mit zwei handgeschalteten Gängen aus. Das galt auch für das optisch und technisch identische Moped M 50 (434-01), dessen Motor aber 2,5 PS leistete, um lässig die hier mögliche Höchstgeschwindigkeit von 40 km/h zu erreichen. Etwa um 1970 herum erhielt das Moped den Zusatznamen »Bergsteiger«, beide Modelle, Mofa und Moped, blieben bis 1977 im Angebot!

1970–1977

Erst zum Ende der sechziger Jahr hin kam das Angebot echter neuer Mofas in Schwung, und da wollte auch Zündapp sein Stück von diesem Kuchen abhaben.
Und dieses Stück hatte die Typenbezeichnung 442 und wurde in verschiedenen Ausstattungsvarianten und wieder als Mofa oder Moped bis 1976 angeboten. Hier kam ein völlig

> Als ab 1965 in Deutschland das Mofa 25 vom Gesetzgeber eingeführt wurde, startete Zündapp mit dem Typ 434-02 in die neue Fahrzeugklasse. (Foto: Saoutchic CC BY-SA 4.0)

> Das gleiche Fahrzeug konnte mit der Bezeichnung M 50 und mehr Motorleistung auch als Moped geordert werden.

neues Rahmenkonzept aus zwei zusammengeschweißten Pressstahlhälften zur Anwendung, in die auch noch der Tank integriert war. Und der fahrtwindgekühlte 1,5-PS-Motor kam mit einem Eingang-Automatikgetriebe aus. In der einfachsten Version musste der Mofafahrer auf eine Hinterradfederung verzichten, vorn sorgten ultrakurze Schwingen für ein wenig Federungskomfort. Mit dem Modell 442-11 kam dann eine Hinterradschwinge mit zwei Federbeinen dazu. Ab 1971 war der Typ 442-16 mit Telegabel und hochgezogenem Lenker das Topmodell unter den Zündapp-Mofas. Beim Typ 442-17 konnte der Käufer zwischen Tankrahmen und auf den Rahmen gesetzten Tank wählen. Die Modelle waren auch als 40-km/h-Mopeds erhältlich, äußerlich oft nur durch einen Spiegel vom Mofa zu unterscheiden.

Die Mofas und Mopeds von Zündapp gehörten zu den teuersten auf dem Markt, was einerseits an der hohen Fertigungstiefe des eigenen Werkes lag, andererseits an der hohen Qualität in jedem Detail.

> *Moped oder Mofa? Mit wenig Aufwand konnte das Modell M 50 »Bergsteiger« für beide Varianten verkaufsfertig gemacht werden.*

> *Der Mofatyp 442 wurde bis 1976 in verschiedenen Varianten angeboten. Mit hohem Lenker und Telegabel war der Maximalkomfort schon erreicht.*

> Das Modell 442-17 in der wahlweise lieferbaren Version mit aufgesetztem Tank. (Foto: Simon Der 442ler)*

> Innerhalb der Typenreihe 442 (im Bild 442-17 L0) unterschieden sich Mofas und Mopeds äußerlich oft nur durch den Spiegel am Lenker.*

> 1973 schob Zündapp noch eine Mofa-Modellreihe mit liegendem Zylinder und Eingang-Automatik als Konkurrenz zu den Billigangeboten auf dem deutschen Markt nach. Im Bild der Typ 444-02 L7.*

Und obwohl sich die Fahrzeuge eben wegen ihrer guten Qualität, aber auch auf Grund des sehr engmaschigen Händlernetzes großer Beliebtheit erfreuten, schob Zündapp mit der Modellreihe 444 ab 1973 noch preiswertere Mofas nach. Kern dieser Reihe war der getriebelose Motor mit liegendem Zylinder - ein Novum bei Zündapp. In verschiedenen Ausstattungsvarianten, etwa im Stil der Bonanza-Räder mit Lehnensitzbank und Highriser Lenker (Typ 444-04), oder allradgefedert mit hohem Lenker (Typ 444-02) oder in der Billigvariante ohne Hinterradfederung (444-31), blieben diese Maschinen bis 1977 im Angebot. Danach verabschiedete sich Zündapp schon wieder vom liegenden Zylinder.

> Easy Rider als Zündapp-Mofa: Der Typ 444-04.

Übersicht der Zündapp-Modelle 1965–1977							
Modell	**Art**	**Motor**	**Leistung PS**	**Getriebe**	**Rahmen**	**Federung v/h**	**Bauzeit**
Mofa 434-02	Mofa	Zündapp-Zweitakt	1,5	2 Gang-Hand	Druckguss-Rohr	Schwinge/Schwinge	1965-1976
M 50 434-01	Moped	Zündapp-Zweitakt	2,5	2-Gang-Hand	Druckguss-Rohr	Schwinge/Schwinge	1965-1976
Mofa 442-01	Mofa	Zündapp-Zweitakt	1,5	1-Gang-Aut.	Pressstahl	Schwinge/keine	1970-1971
Moped 442-12	Moped	Zündapp-Zweitakt	2,5	1-Gang-Aut.	Pressstahl	Schwinge/Schwinge	1970-1971
Mofa 442-11	Mofa	Zündapp-Zweitakt	1,5	1-Gang-Aut.	Pressstahl	Schwinge/Schwinge	1971-1972
Mofa 442-17	Mofa	Zündapp-Zweitakt	1,5	1-Gang-Aut.	Pressstahl	Telegabel/Schwinge	1971-1976
Moped 442-16	Moped	Zündapp-Zweitakt	2,5	1-Gang-Aut.	Pressstahl	Telegabel/Schwinge	1971-1976
Mofa 444-02	Mofa	Zündapp-Zweitakt	1,5	1-Gang-Aut.	Pressstahl	Telegabel/Schwinge	1972-1976
444-04 High-Riser	Mofa	Zündapp-Zweitakt	1,5	1-Gang-Aut.	Pressstahl	Telegabel/Schwinge	1972-1975
Mofa 444-31	Mofa	Zündapp-Zweitakt	1,5	1-Gang-Aut.	Pressstahl	Telegabel/keine	1974-1975
Mofa 444-027	Mofa	Zündapp-Zweitakt	1,5	1-Gang-Aut.	Pressstahl	Telegabel/keine	1976-1977
Mofa 442-171	Mofa	Zündapp-Zweitakt	1,5	1-Gang-Aut.	Pressstahl	Telegabel/Schwinge	1976-1977

1977–1980

Unter der Vorgabe einer rationellen Baukasten-Fertigung ging man bei Zündapp an die Entwicklung der ZR-/ZD-Mofa-Moped-Mokick-Reihe, wobei das »R« für »Rohrrahmen«, das »D« für »Druckgussrahmen« stand. Besonders preisgünstig und extrem wartungsfreundlich waren die Modelle der ZR-Reihe aufgebaut. Diese waren außerdem so ausgelegt, dass ein breites Triebwerksprogramm eingebaut werden konnte, was sowohl den Wünschen der inländischen Käufer als auch denen der Exportkunden gerecht wurde.

Die ZR-Modelle waren mit stabilem, verwindungssteifem Zentralrohrrahmen ausgerüstet und besaßen eine Allradfederung mit einer vorderen Teleskopgabel und einer hinteren, federbeinabgestützten Langschwinge. Die Betätigung der hinteren Trommelbremse erfolgte per Pedalrücktritt, die der Vorderrad-Trommelbremse vom Lenker-Handhebel aus. Die Kraftübertragung zum Hinterrad erfolgte über eine Kette, wobei gegebenenfalls die Fortbewegung ohne Motorkraft auch mittels des im Getriebegehäuse integrierten Pedalantriebs möglich war. Mofa- wie Moped-Variante waren sowohl mit handgeschaltetem Zweiganggetriebe als auch mit fliehkraftbetätigter Eingang-Automatik lieferbar.

Kennzeichen der ZD-Reihe war der bereits seit vielen Jahren in Zündapp-Mopeds und Kleinkrafträdern bewährte Rohr/Druckguss-Verbundrahmen. Anstelle der herkömmlichen Drahtspeichenräder trugen hier filigrane Leichtmetall-Druckguss-Räder viel zum gefälligen Gesamtstyling bei. Auch die Modelle dieser Reihe verfügten über

> Das Mofa ZR 10 mit Rohrrahmen und Zweigang-Automatik war ab 1977 der Einstieg in das neue Zündapp-Programm.

> *Das parallel zum Mofa ZR 10 gebaute Moped ZR 30 lief 40 km/h, hatte dafür 2,5 PS und den gesetzlich vorgeschriebenen Rückspiegel.*

> *Im Gegensatz zur ZR 10 hatte das Mofa ZR 20 ein per Hand zu schaltendes Zweiganggetriebe. Die Motoren waren für die 77er Modelle neu entwickelt worden.*

> Bei den ZD-Typen stand das D für Druckgussrahmen und Dreiganggetriebe. Im Bild das Mofa ZD 20, Typ 446-40.

> Als Parallelmodell zum ZD 20 lief das Mokick ZD 40 vom Münchner Montageband. Ein Spiegel, Fußrasten und die Doppelsitzbank waren die sichtbaren Unterschiede.

> Als Ersatz für das Modell »Bergsteiger« brachte Zündapp 1978 die Modelle ZD 10 (Mofa, Typ 446-211) und ZD 30 (Moped, Typ 446-200) mit Zweigang-Handschaltung heraus. (Foto: Streetjump)

Zum Ende der 70er Jahre hin kamen sogenannte Sportmofas in Mode, deren Design sich in Richtung Kleinkrafträder orientierte. Zündapp bot dazu 1979 die aus den ZD-Modellen weiterentwickelten Typen ZD 25 TS ... (Foto: TS Basti)

... und ZD 50 TS an. Letzteres unter anderem mit komplett geschlossenem Rahmenunterbau, hohem Lenker, offenen Federbeinen und Gepäckträger. (Foto: Brandy-911)

einen Einkettenantrieb und wiesen – als Mofas – den Pedalrücktritt auf. Sowohl bei den Mofa- wie auch den Moped-Versionen fanden Dreigangmotoren Verwendung, die beim Mofa und Moped mit Handschaltung, beim Mokick mit Fußschaltung ausgestattet waren.

Bleibt anzufügen, dass Zündapp 1979/80 noch das Mofamodell ZB 25 anbot, das auf dem ZR 20 basierte, aber mit einem größeren Scheinwerfer, einer Blinkanlage und einem Bremslicht ausgestattet war. Für dieses »Sicherheitspaket« verlangte Zündapp einen Aufpreis, den aber nur ganz wenige Mofakunden zu zahlen bereit waren.

> *Das Rohrrahmen-Mofa ZB 25 mit Vierleuchten-Blinkanlage, großem Scheinwerfer, Bremslicht und reflektierenden Rädern fand 1979/80 nur wenige Käufer.*

Übersicht der Zündapp-Modelle 1977–1980

Modell	Art	Motor	Leistung PS	Getriebe	Rahmen	Federung v/h	Bauzeit
446-400 ZD 20	Mofa	Zündapp-Zweitakt	1,5	3-Gang-Hand	Druckguss-Rohr	Telegabel/Schwinge	1977–1980
447-020 ZR 20	Mofa	Zündapp-Zweitakt	1,5	2-Gang-Hand	Rohrrahmen	Telegabel/Schwinge	1977–1980
434-021 Mofa 25	Mofa	Zündapp-Zweitakt	1,5	2-Gang-Hand	Druckguss-Rohr	Telegabel/Schwinge	1977–1978
Moped 442-161	Moped	Zündapp-Zweitakt	2,5	1-Gang-Aut.	Pressstahl	Telegabel/Schwinge	1976–1977
434-010 M 50	Mofa	Zündapp-Zweitakt	2,5	2-Gang-Hand	Druckguss-Rohr	Telegabel/Schwinge	1976–1978
447-110 ZR 10	Mofa	Zündapp-Zweitakt	1,5	1-Gang-Aut.	Rohrrahmen	Telegabel/Schwinge	1977–1980
447-100 ZR 30	Moped	Zündapp-Zweitakt	2,5	1-Gang-Aut.	Rohrrahmen	Telegabel/Schwinge	1977–1980
446 ZD 10	Mofa	Zündapp-Zweitakt	1,7	2-Gang-Hand	Druckguss-Rohr	Telegabel/Schwinge	1978–1980
446 ZD 30	Moped	Zündapp-Zweitakt	2	2-Gang-Hand	Druckguss-Rohr	Telegabel/Schwinge	1978–1979
446 ZD 25 TS	Mofa	Zündapp-Zweitakt	1,7	3-Gang-Hand	Druckguss-Rohr	Telegabel/Schwinge	1979–1980
446 ZD 50 TS	Mofa	Zündapp-Zweitakt	1,7	3-Gang-Hand	Druckguss-Rohr	Telegabel/Schwinge	1979–1980
447-021 ZB 25	Mofa	Zündapp-Zweitakt	1,7	2-Gang-Hand	Rohrrahmen	Telegabel/Schwinge	1979–1980

Die letzten Zündapp-Mofas

Bevor sich Zündapp vom Zweiradmarkt verabschiedete, hatten die Münchner, 1980 beginnend, noch einmal ein neues Mofa-Programm aufgelegt. Mit der Typenreihe 460 konnte erneut ein Mofa (460-020) mit der Bezeichnung ZA 25 oder ein Moped (460-030) als ZA 40 geordert werden. Es handelte sich wieder um ein sehr einfaches Fahrzeug, das sich im Prinzip am Vorgänger-Modell ZR 10 orientierte, aber ein wenig moderner aussah.

Die Nachfolge des ZR 20 mit Zweigang-Handschaltung übernahm ab 1980 das Modell ZX 25 (460-010) und ein Jahr später parallel dazu das Modell ZL 25, unter anderem mit neuem Heckaufbau und einem zu dieser Zeit unbedingt notwendigen »Cockpit«.

Für die Fortführung der ZD-Sportmofa-Reihe brachte Zündapp 1981 die CS 25 im Kleinkraftrad-Look und mit Dreiganggetriebe heraus. Im Stil dieser Zeit entsprach das Fahrzeug als Abwandlung des Mokicks CS 50 optisch den gerade aufkommenden Leichtkrafträdern.

Mit welcher Verzweiflung sich Zündapp gegen den schwindenden Mofamarkt stemmte, zeigte 1980 auch das Enduro-Mofa hai 25 und dessen optisch noch einmal aufgewerteter Nachfolger CX 25 von 1982. Wer brauchte denn eine Enduro-Maschine mit 1,7 PS und 25 km/h? Blieb das hai 25 schon ein rares Exemplar, wurden vom CX 25 nur ein paar Hände voll verkauft – heute echte Raritäten.

Unter anderem mit einer kleinen Sitzbank, viel Chrom, freiliegenden Federbeinen und einem Dreiganggetriebe kam 1982 noch das Luxus-Mofa ZS 25 auf den schwindenden Markt.

> *Mit den Modellen ZA 25 (Mofa) und ZA 40 (Moped) startete die Marke Zündapp 1980 in ihr letztes Jahrzehnt.*

> Zündapp hielt weiterhin daran fest, neben den Mofas auch Mopeds vom Band laufen zu lassen, obwohl die in Deutschland kaum noch Käufer fanden. Im Export sah das allerdings ganz anders aus.

> Das Mofa ZX 25 bildete ab 1980 den Zündapp-Einstieg bei den Zweigang-Mofas. (Foto: Lukas Dorfner)

> Ebenfalls mit zwei per Hand zu schaltenden Gängen erschien 1981 das Mofa ZL 25 mit stylischem Design und riesigem Cockpit.

Die Serie der Sportmofas setzte Zündapp 1981 mit dem Modell CS 25 fort.

Wer brauchte denn so etwas? Das Enduro-Mofa hai 25 war einer von mehreren Versuchen, auf dem Mofamarkt zu retten, was noch zu retten war.

Zündapp ließ nichts unversucht, um den Mofaabsatz in Schwung zu halten. Aber auch das Modell ZS 25 konnte den Absatzeinbruch nicht verhindern. (Foto: FF 1159357 CC BY-SA 4.0)*

Ohne Chrom und ohne Schnörkel: Mit dem Automatik-Mofa A 25 versuchte sich Zündapp ab 1983 im Billigsegment am Markt zu halten.

Und 1983 folgte der Versuch, mit einem günstigen Mofa ohne Chrom und ohne »Cockpit« gegen die billigen Modelle aus Japan, Italien oder den deutschen Kaufhäusern anzutreten. A 25 und X 25 hieß das Duo, das sich durch Eingang-Automatik oder Zweigang-Handschaltung unterschied.
Star 1 und Star 2 hießen dann schließlich die allerletzten Zündapp-Mofas, die noch 1984 in sehr geringen Stückzahlen zu den Händlern kamen.

> 1984 brachte Zündapp ein letztes Mal zwei neue Mofas, beide mit Zweigang-Handschaltung und liegendem Zylinder, auf den Markt: das billig ausgestattete Star 1 ...

> Sah fast genauso aus wie das Modell A 25, hatte aber zwei per Hand zu schaltende Gänge: Das Mofa X 25 von 1983.

> ... und das Luxusmofa Star 2, unter anderem mit Chrom, Cockpit, offenen Federbeinen hinten und Faltenbälgen vorn und dem großen Bremslicht.

Übersicht der Zündapp-Modelle 1980–1984

Modell	Art	Motor	Leistung PS	Getriebe	Rahmen	Federung v/h	Bauzeit
460-20 ZA 25	Mofa	Zündapp-Zweitakt	1,7	1-Gang-Aut.	Druckguss-Rohr	Telegabel/Schwinge	1980–1984
460-030 ZA 40	Moped	Zündapp-Zweitakt	2,5	1-Gang-Aut.	Druckguss-Rohr	Telegabel/Schwinge	1980–1984
460-010 ZX 25	Mofa	Zündapp-Zweitakt	1,7	2-Gang-Hand	Rohrrahmen	Telegabel/Schwinge	1980–1984
460-040 ZL 25	Mofa	Zündapp-Zweitakt	1,7	2-Gang-Hand	Rohrrahmen	Telegabel/Schwinge	1981–1984
448-140 CS 25	Mofa	Zündapp-Zweitakt	1,7	3-Gang-Hand	Doppelrohr	Telegabel/Schwinge	1981–1984
448-150 hai 25	Mofa	Zündapp-Zweitakt	1,7	3-Gang-Hand	Doppelrohr	Telegabel/Schwinge	1980–1982
448-151 CX 25	Mofa	Zündapp-Zweitakt	1,7	3-Gang-Hand	Doppelrohr	Telegabel/Schwinge	1982–1984
460-050 ZS 25	Mofa	Zündapp-Zweitakt	1,7	3-Gang-Hand	Druckguss-Rohr	Telegabel/Schwinge	1982–1984
460-02 L4 A 25	Mofa	Zündapp-Zweitakt	1,7	1-Gang-Aut.	Rohrrahmen	Telegabel/Schwinge	1983–1984
460-01 L4 X 25	Mofa	Zündapp-Zweitakt	1,7	2-Gang-Hand	Rohrrahmen	Telegabel/Schwinge	1983–1984
462-020 Star 1	Mofa	Zündapp-Zweitakt	1,7	2-Gang-Hand	Rohrrahmen	Telegabel/Schwinge	1984
462-021 Star 2	Mofa	Zündapp-Zweitakt	1,7	2-Gang-Hand	Rohrrahmen	Telegabel/Schwinge	1984

Zwei starke Marken aus Österreich

KTM

KTM – Kronreif & Trunkenpolz, Mattighofen, der seit 1953 als Motorradproduzent auftretende österreichische Hersteller, begann 1963 mit dem Bau sportlicher Mopeds und Mofas. Dabei waren die gesetzlichen Bestimmungen im Alpenland wesentlich entspannter: In Österreich reichten die Hubraumgrenze von 50 cm³ und eine Maximalgeschwindigkeit von 40 km/h, um die kleinen Maschinen frei von allen Zwängen fahren zu dürfen.

Die ersten Mofas

KTM brachte schon 1962 das Modell »Junior«, heraus, das bei KTM auch als »Schweizer Mofa« geführt wurde und ausschließlich in die Schweiz exportiert wurde.

> *Noch 1962 konnte KTM ein Mofa in die Schweiz liefern, das dort schon ab 14 Jahren und ohne Führerschein gefahren werden durfte. (Foto: Holy Spokes)*

> *Bis in die 70er Jahre hinein blieb das Schweizer Mofa im KTM-Programm, ab 1968 optisch und technisch deutlich aufgewertet.*

1968 wurde bereits das 50.000. Mofa in die Schweiz geliefert. Diese Fahrzeugklasse selbst gab es aber in Österreich gar nicht. Hier war alles, was nicht mehr als 50 cm³ Hubraum hatte und nicht schneller als 40 km/h fuhr, ein »Moped«. Bis auf die Geschwindigkeit (45 km/h) ist das bis heute so geblieben! Bis 1968 war für das steuer- und führerscheinfreie Fahren zwingend der Pedaltrieb erforderlich. Nach der Wiener Straßenverkehrskonvention 1968 waren Pedale dann zwar nicht mehr zwingend notwendig, wurden aber gewohnheitsmäßig bei einigen Modellen, auch nach Einführung eines Führerscheins, beibehalten. Da KTM aber sehr stark im Exportgeschäft unterwegs war (zeitweise gingen 80 Prozent der Fertigung ins Ausland), musste man sich an die rechtlichen Gegebenheiten in den einzelnen Ländern halten. So etwa in Deutschland mit der Klasse Mofa 25.

Die Hobby-Baureihe

Neben dem Schweizer Mofa brachte KTM nun also 1968 auch ein neues, dem internationalen Trend angepasstes Mofa heraus. Seit 1964 war KTM ein erfolgreicher Fahrradhersteller, und da passte ein Mofa gut ins Programm. Dem Trend folgend saß der Eingang-Automatik-Motor von Fichtel & Sachs in einem Fahrgestell mit Tankrahmen und Teleskopgabel. Eine Hinterradschwinge mit einfachen Federbeinen war optional erhältlich. »Hobby Automatic« nannte KTM seine erste, für internationale Märkte entwickelte Mofa-Schöpfung, die auch als 40-km/h-Moped lieferbar war.

1970 kam das Mofa als Hobby II mit einigen Änderungen auf den Markt. Der wesentlichste Punkt war dabei der Wechsel des Motorenlieferanten. Der 1-Gang-Automatikmotor von Puch, der schon tausende Maxi-Mofas antrieb, werkelte jetzt auch im neuen Mofa von KTM. Weiterhin fielen die neu angelenkten, längeren Federbeine der

> *Gelungener Einstieg: »Hobby Automatic« nannte KTM sein erstes, für internationale Märkte entworfenes Mofa.*

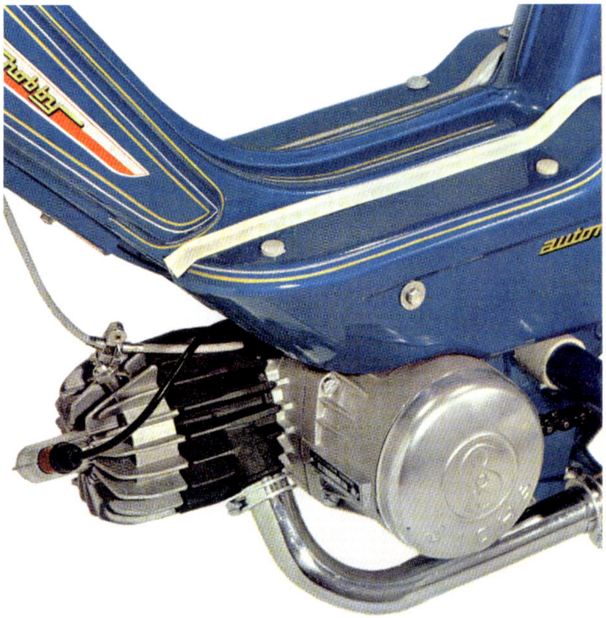

> Der bekannte Eingang-Automatikmotor von Fichtel & Sachs war in verschiedenen Geschwindigkeits- und Leistungsstufen erhältlich.

> Auch die Hobby III mit 1-Gang-Automatikmotor hatte serienmäßig Beinschilder an Bord.

> Die Hobby III mit neuem Tankrahmen und grüner Lackierung in der Automatikversion.

> Bis 1979 blieb die Hobby III im KTM-Programm, wobei zumindest die Räder zwischenzeitlich der Mode entsprachen.

hinteren Schwinge, die voluminösen Seitenverkleidungen der beiden Ketten und das serienmäßige Beinschild auf.

Für das Modelljahr 1974 stellte KTM im Herbst des Vorjahres das neue Hobby III vor, das wieder je nach länderspezifischer Gesetzgebung und je nach Leistung und Höchstgeschwindigkeit ein Moped oder ein Mofa war. Neu war der jetzt kantigere Blechpressrahmen mit deutlich verstärktem Hinterteil. Das Rahmenvorderteil war auch gleichzeitig wieder der Tank, der hier 3,55 Liter fasste. Der 1-Gang-Automatikmotor von Puch leistete jetzt 2,2 PS. Serienmäßig war das Mofa mit einem Beinschild und blau-silberner Lackierung unterwegs; verzichtete der Kunde auf das Schild, wurde das Fahrzeug in Grün und Silber ausgeliefert. Der Typ Hobby III blieb bis 1979 im KTM-Programm, da aber schon längst mit neuer Bereifung und neuen Druckguss-Speichenfelgen.

Wirtschaftspolitik

Im März 1957 gründeten einige westeuropäische Länder, darunter auch die Bundesrepublik Deutschland, die EWG (Europäische Wirtschaftsgemeinschaft), den Vorläufer der Europäischen Union. Österreich wurde kein Mitglied dieser Gemeinschaft und profitierte damit auch nicht von den niedrigen Einfuhrzöllen innerhalb der Mitgliedsländer. Das erschwerte österreichische Exporte in die EWG, und KTM litt darunter, insbesondere den für 50-Kubik-Fahrzeuge attraktiven deutschen Markt nur bedingt (über 20 % Einfuhrzoll) beliefern zu können. Das änderte sich mit dem Freihandelsabkommen, das Österreich mit der EWG abschloss und das ab 1. Januar 1973 wirksam wurde. Nun kamen zu den bisherigen rund 30 Exportländern weitere dazu und KTM begann, sich auch auf dem deutschen Markt einen guten Namen zu machen. Zunächst über den Importeur Stöcklmeier, ab 1975 dann mit der eigenen Vertriebsgesellschaft in Simbach. Innerhalb von zwei Jahren entwickelte sich KTM nun zu einem der führenden Importeure von Mofas, Mopeds, Mokicks und Kleinkrafträdern auf dem deutschen Markt.

Die Modellreihe 505

1974 brachte Fichtel & Sachs in Schweinfurt den neuen »Einkettenmotor« 505 heraus, der den Antrieb von Mofas revolutionierte. Erstmals gab es eine integrierte Tretlager- und Kickstartereinrichtung, die eine zweite Antriebskette zum Hinterrad unnötig machte.

> *KTM 505 Automatic in der ersten Ausführung von 1976. Der Spiegel kennzeichnet das Modell für Deutschland als Moped.*

> *Das Automatic-Mofa 505 LS mit Leichtmetall-Gussfelgen und langer Einpersonensitzbank.*

> *Ein Rohrrahmen und der horizontal gesetzte Tank kennzeichneten das Modell 505 S von 1977. In diesem Fall mit Zweiganggetriebe und Schwingsattel.*

> *Letzte Ausführung des Modells 505 von 1982. In der einfachen Version 505 L Automatik war das der Einstieg in die KTM Mofawelt.*

Bei KTM nahm man sich dieses Motors an und brachte auf seiner Basis ab 1976 eine kaum durchschaubare Typenvielfalt auf internationale Märkte und vor allem auf den deutschen Markt. Den Motor gab es mit 1-Gang-Automatik oder 2-Gang-Handschaltung; unterschied man dann noch in Leistung und Maximalgeschwindigkeit (plus Rückspiegel) zwischen Mofa und Moped, hatte man schon vier Typen in der Angebotsliste (1976/77) stehen. Unterschied man beim Automatik-Mofa dann noch zwischen Rücktritt- und Seilzugbremse für das Hinterrad, mit denen beide Fahrzeuge wahlweise angeboten wurden, kam man schon auf fünf Modelle (1977). Mit einer langen Einpersonensitzbank statt des Schwingsattels war 1977 auch noch ein »L« in der Typenbezeichnung möglich, und kamen dann auch noch Leichtmetall-Gussfelgen dazu, stand ein »LS« hinter der Zahl 505. So bot KTM vom Mofa 505 bis zum Moped 505 2-Gang LS im Jahre 1978 sage und schreibe 13 Modellvarianten an. Und das war noch nicht alles, denn im selben Jahr erschienen auch noch die Modelle S (Schwingsattel) und SS (Einpersonensitzbank) mit Rohrrahmen und waagerecht gesetztem Tank und wieder mit Automatik oder Zweiganggetriebe. Das waren dann schon 17 Variationen des Modells 505 und zusammen mit dem Sportmofa SM, von dem noch die Rede sein wird, und dem Hobby III hatte KTM 1978/79 weltweit die umfangreichste Mofa- und Mopedpalette anzubieten. Zu Beginn der 1980er Jahre wurde ein wenig ausgedünnt, das »L« stand jetzt grundsätzlich für die Mofas mit Tankrahmen. Dennoch waren 1982 immer noch zehn Modelle der Baureihe 505 im Angebot, jetzt ergänzt um den Typ SL mit Blinkanlage. Im Jahr darauf ließ KTM die Baureihe 505 auslaufen.

SM 25 und Bora 25

Zum Ende der 1970er Jahre hin kamen vor allem in Deutschland sogenannte Sportmofas in Mode. Blüten einer Wohlstandsgesellschaft mit »Cockpit«, Druckgussfelgen, Heckspoiler und anderen Attributen, die eine schnelle Maschine vortäuschen sollten. Und mindestens drei Getriebegänge sollten es bitte auch sein.

KTM bediente die jugendliche Kundschaft aus gutem Hause ab 1978 mit dem Modell SM 25. Ein Fahrzeug mit all den genannten Features, angetrieben von einem Sachs-Motor (mit Fächerzylinder!), der mofagerechte 1,5 PS leistete und über ein handgeschaltetes Dreiganggetriebe verfügte.

1980 kam die Maschine überarbeitet auf einen in Deutschland schwindenden Mofa-Markt. Das neue SM 25 wurde jetzt vom neuen Sachs-Motor 506/38 mit Alu-Breitwandzylinder und verbessertem Drehmoment angetrieben. Die hydraulisch gedämpfte Telegabel war durch Faltenbälge geschützt und alle Anbauteile wurden im Design modernisiert.

> *SM stand für Sportmofa, die 25 für die in Deutschland zulässige Höchstgeschwindigkeit in dieser Klasse. 1978 brachte KTM diese Maschine auf den Markt.*

> *Das Mofaprogramm von KTM aus dem Jahre 1978.*

> *Immer die neuste Motorentechnik von Fichtel & Sachs nutzend, erschien das SM 25 1980 optisch und technisch überarbeitet.*

> *Immer die neuste Motorentechnik von Fichtel & Sachs nutzend, erschien das SM 25 1980 optisch und technisch überarbeitet.*

Weitere vier Jahre später sah man die Maschine als SM 25 L mit Cockpitverkleidung, Vierleuchten-Blinkanlage und Kunststoffkotflügeln. Das Mofa blieb so bis in die 1990er Jahre hinein im KTM-Programm.

Wie auch das Mofa Bora 25. Ein Enduro-Mofa, wie es sich für den in diesem Metier erfolgreichen Hersteller KTM gehörte. Wobei natürlich grundsätzlich die Frage im Raum steht, wer eine Geländesportmaschine mit drei handgeschalteten Gängen, 1,5 PS und maximal 25 km/h brauchte. Offensichtlich fanden sich genügend Käufer,

> *Bora 25 hieß konsequenterweise die Mofaversion der gleichnamigen Mokick- und Kleinkraftrad-Varianten, hier mit dem neuesten 1,5-PS-Sachs-Motor 506/38.*

denn die 1981 erschienene Maschine, die sich optisch und auch in einigen technischen Belangen an das Mokick Bora 50 und das Leichtkraftrad Bora 80 anlehnte, blieb, wie oben beschrieben, bis in die 90er Jahre hinein im Programm.

Foxy, Pony und Okay

KTM blieb die 1980er Jahre hindurch einer der führenden Mofa-Produzenten, wobei das Baukastensystem geschickt ausgenutzt und mit wenigen Grundtypen eine schier undurchschaubare Angebotspalette geschaffen wurde.
Neben den bereits beschriebenen Sportmofas SM und Bora erschien 1981 das Einstiegsmodell Foxi als klassisches Tankrahmen-Mofa, wahlweise mit 1-Gang-Automatik oder mit 2-Gang-Handschaltung.

> *Das Besondere an den Pony-Modellen war die Hinterradschwinge, in die auch das gesamte Triebwerk integriert war.*

> *»Foxi« nannte KTM seinen Mofa-Einstieg in die 1980er Jahre. Mit Gussfelgen kam noch ein »L« hinter den Namen.*

Antriebsquellen waren die Sachs-Motoren 505/1 BX (Automatik) oder 505/2 BX. Die Basismodelle fuhren auf Rädern mit Drahtspeichen, beim »Foxi L« gab es Leichtmetall-Gussfelgen.

Das Modell Pony S mit Rohrrahmen und aufgesetztem Tank war zeitweise gleich in vier Versionen erhältlich. Das »S« stand für sportlich, was eine 1-Gang-Automatik ausschloss, dafür ein »Cockpit«, Faltenbälge an der Telegabel und offene Federbeine der Hinterradschwinge beinhaltete. Mit zwei oder drei per Drehgriff zu schaltenden Gängen der Sachs-Typen 505 war die Grundeinteilung der Ponys geregelt; das 2-Gang-Modell konnte als Pony SS mit einer Einpersonensitzbank geliefert werden (sonst Schwingsattel), das 3-Gang-Modell kurzzeitig auch in einer Cross-Version. Allen Pony-Modellen gemein war die im Mofabau ungewöhnliche Triebsatzschwinge, die eine konstante Kettenspannung gewährleistete.

Ein echtes 80er Jahre-Mofa war das 1983 erschienene Modell Okay. Viel schwarzer Kunststoff, kantige Formen, ein Cockpit mit Lampenverkleidung, ein Helmschloss und vor allem der hochmoderne Zweitaktmotor 505 S von Fichtel & Sachs, der seine 1,5 PS schon bei flüsternden 3000 Umdrehungen erreichte. Zur Auswahl standen wieder die 1-Gang-Automatik oder die 2-Gang-Handschaltung. Wie Foxi und Pony blieb auch das Mofa Okay bis in die 90er Jahre hinein im KTM-Programm. Nach 1992 tauchen in den deutschen Katalogen keine 50er von KTM mehr auf.

> Das doppelte S in der Typenbezeichnung der Pony-Modelle wies auf die Sitzbank anstelle des Schwingsattels hin.

> Okay hieß das KTM-Mofa der 1980er Jahre mit vielen Ecken und Kanten und viel schwarzem Kunststoff.

Die KTM-Modelle in der Übersicht

Modell	Art	Motor	Leistung PS	Getriebe	Rahmen	Federung v/h	Bauzeit
Hobby Automatic	Mofa	Sachs-Zweitakt	2	1-Gang-Aut.	Pressstahl	Telegabel/Schwinge	1968–1970
KTM Hobby II	Mofa	Puch-Zweitakt	2,2	1-Gang-Aut.	Pressstahl	Telegabel/Schwinge	1970–1973
KTM Hobby II	Moped	Puch-Zweitakt	2,2	1-Gang-Aut.	Pressstahl	Telegabel/Schwinge	1970–1973
KTM Hobby III	Mofa	Puch-Zweitakt	2,2	1-Gang-Aut.	Pressstahl	Telegabel/Schwinge	1973–1979
KTM Hobby III	Moped	Puch-Zweitakt	2,2	1-Gang-Aut.	Pressstahl	Telegabel/Schwinge	1973–1979
505 automatic	Mofa	Sachs-Zweitakt	1,5	1-Gang-Aut.	Pressstahl oder Rohrrahmen	Telegabel/Schwinge	1976–1983
505 2-Gang	Mofa	Sachs-Zweitakt	1,5	2-Gang-Hand	Pressstahl oder Rohrrahmen	Telegabel/Schwinge	1976–1983
505 automatic	Moped	Sachs-Zweitakt	1,8	1-Gang-Aut.	Pressstahl	Telegabel/Schwinge	1976–1983
505 2-Gang	Moped	Sachs-Zweitakt	1,8	2-Gang-Hand	Pressstahl	Telegabel/Schwinge	1976–1983
KTM SM 25	Mofa	Sachs-Zweitakt	1,5	3-Gang-Hand	Rohrrahmen	Telegabel/Schwinge	1978–1980
KTM SM 25	Sportmofa	Sachs-Zweitakt	1,5	3-Gang-Hand	Rohrrahmen	Telegabel/Schwinge	1980–1984
KTM SM 25 L	Sportmofa	Sachs-Zweitakt	1,5	3-Gang-Hand	Rohrrahmen	Telegabel/Schwinge	1984–1992
Bora 25	Enduromofa	Sachs-Zweitakt	1,5	3-Gang-Hand	Rohrrahmen	Telegabel/Schwinge	1981–1992
KTM Foxi	Mofa	Sachs-Zweitakt	1,5	1-Gang-Aut.	Pressstahl	Telegabel/Schwinge	1981–1992
KTM Foxi	Mofa	Sachs-Zweitakt	1,5	2-Gang-Hand	Pressstahl	Telegabel/Schwinge	1981–1992
KTM Pony	Mofa	Sachs-Zweitakt	1,5	1-Gang-Aut.	Rohrrahmen	Telegabel/Schwinge	1981–1992
KTM Pony	Mofa	Sachs-Zweitakt	1,5	2-Gang-Hand	Rohrrahmen	Telegabel/Schwinge	1981–1992
KTM Okay	Mofa	Sachs-Zweitakt	1,5	1-Gang-Aut.	Rohrrahmen	Telegabel/Schwinge	1983–1992
KTM Okay	Mofa	Sachs-Zweitakt	1,5	2-Gang-Hand	Rohrrahmen	Telegabel/Schwinge	1983–1992

Puch

Puch stellte 1954 sein erstes Moped vor und avancierte in den darauf folgenden Jahrzehnten zum Weltmarktführer in der Schnapsglasklasse. Mit der Folge, dass es, nicht zuletzt wegen der unterschiedlichen Bestimmungen auf den Exportmärkten, zu einer kaum durchschaubaren Typenvielfalt im Puch-Programm kam. Zusammen mit den Mofa-Modellen waren es mehrere Hundert Typen.

Die Mopeds

Den Grundstein für die künftige Weltmarktführerschaft legte Ende 1954 das erste Puch-Moped mit der Bezeichnung MS 50. Mit dem von den Puch-Motorrädern abgeleiteten Schalenrahmen war das Fahrzeug absolut verwindungssteif und fast ein wenig zeitlos. Außerdem setzten die Hinterradschwinge, auf zwei Federbeine gestützt, die hydraulisch gedämpfte Telegabel und der Zweigang-Motor (Drehgriffschaltung) mit Gebläsekühlung Maßstäbe im internationalen Mopedbau. In Deutschland war die MS 50 L (Luxus mit viel Chrom und Weißwandreifen) ab 1956 das Einstiegsmodell, zum Preis von 640,- DM angeboten.

Auch die MS 50 V, ab 1958 hergestellt, wurde durch die Steyr-Daimler-Puch-Niederlassung im oberbayrischen Freilassing in Deutschland angeboten. Das V stand für verstärkte Ausführung, was eigentlich nur kräftigere Federbeine bedeutete. Später kamen ein verchromter Gepäckträger und eine Zweifarben-Lackierung dazu.

Die MS-50-Modelle schafften es bis hoch in die siebziger Jahre hinein, ihre Käufer zu finden, und mit dem Modell MV 50 S – das V stand für Vollnaben, das S immer noch für den Schalenrahmen – fand das Moped 1980/81, mit nur wenigen Veränderungen gegenüber dem 26 Jahre zuvor eingeführten Urmodell, nach insgesamt 885 755 Exemplaren dann doch sein Ende. In diese Stückzahlen eingeschlossen waren diverse Exportsondermodelle, z. B. mit Automatikgetriebe oder Kickstarter.

In Deutschland hielt man sich mit dem Moped-Angebot sehr zurück, und so gab es Mitte der 70er Jahre neben dem MS 50 V nur noch das aus dem Mofa-Programm abgeleitete Maxi 2-40.

> Vom MS-Modell gab es neben den Grundtypen L und V auch diverse Sonderversionen. Seit 1955 gebaut, blieb diese Maschine bis nach 1980 im Puch-Programm.

> Das MS 25 aus dem Jahr 1966 war ein typischer Vertreter der ersten Mofageneration. Es blieb in verschiedenen Ausführungen bis 1981 im Programm.

> Das Modell X 50-3 gab es in verschiedenen Konfigurationen. Als Moped war es die ganzen achtziger Jahre hindurch das einzige in Deutschland angebotene Puch-Fahrzeug in dieser Klasse.

Und auch in den achtziger Jahren baute Puch noch echte Mopeds. In einigen Exportländern ohne Mofa-Regelung blieben diese eine weiterhin interessante Spezies. In Deutschland hielt man sich vom Moped-Wirrwarr fern und bot seit 1980 ein aus dem X-50-Mofa heraus gestricktes Moped mit Dreigang-Schaltung an, das aber nur einer Person richtig Platz bot.

> *Frühes X-30-Modell in Österreich-Ausführung mit 1,5-PS-Motor. Das Fahrzeug hatte eine Lampenverkleidung, eine Telegabel und den Tank unter dem Sattel. Im Gegensatz zu den Maxi-Mofas (Tank im Rahmen) hatten die X-Modelle immer einen aufgesetzten Tank.*

Die ersten Puch-Mofas

Der Grazer Hersteller Puch, der sehr stark auf dem Schweizer Markt engagiert war, konnte schon 1962 das Modell X 30 sowohl auf dem schweizerischen wie auf dem heimischen Markt anbieten. Der Name war dabei Programm, und die 30 stand für die in der Schweiz mögliche Höchstgeschwindigkeit. Erreicht mit dem aufs simpelste abgespeckten Moped-Gebläsemotor, der 1,5 PS leistete und zwei Getriebe-Gänge aufwies. Während das einfache Rohrfahrgestell des Schweizer Modells zunächst auf jegliche Federung verzichten musste, hatte die Österreich-Ausgabe eine einfache Telegabel. Die Tanks steckten auf dem Rohr zwischen Lenkkopf und Motor oder pfiffigerweise unter dem einfachen Sattel. Natürlich blieb es nicht bei der Einfachheit der ersten Jahre. Die Weiterentwicklung des X-30-Modells – bald gab es eine Luxusversion, bald eine Version mit Automatikgetriebe – koppelte sich ab 1969 an die Entwicklung des neuen Maxi-Mofas. Apropos Mofa – beim X-30 sprach man noch offiziell vom Moped, wenngleich die Fahrzeuge der X-30- und später X-40- und X-50-Reihe international eher der Kategorie Mofa zugeordnet wurden. Aber das ist auch eine Frage der Definition der jeweiligen Fahrzeugklassen in den verschiedenen Ländern. Und natürlich der unterschiedlichsten Ausstattungen der jeweiligen Modelle. Im Übrigen gab es das X 30 auch als Mokick.

Die Puch-Modelle 1965–1978 in der Übersicht

Modell	Art	Motor	Leistung PS	Getriebe	Rahmen	Federung v/h	Angebot in D
Puch MS 50 V	Moped	Puch-Zweitakt	2,1	2-Gang-Hand	Pressstahl	Telegabel/Schwinge	1958–1977
Puch MS 25	Mofa	Puch-Zweitakt	0,84	1-Gang	Pressstahl	Telegabel/Schwinge	1965–1981
Puch Maxi	Mofa	Puch-Zweitakt	1,25	1-Gang-Aut.	Pressstahl	Telegabel/keine	1969–1972
Puch Maxi N	Mofa	Puch-Zweitakt	1,5	1-Gang-Aut.	Pressstahl	Telegabel/Schwinge	1973–1995
Puch Maxi S	Mofa	Puch-Zweitakt	1,25	1-Gang-Aut.	Pressstahl	Telegabel/Schwinge	1972–1992
Puch Maxi 2-25	Mofa	Puch-Zweitakt	1,25	2-Gang-Hand	Pressstahl	Telegabel/Schwinge	1973–1985
Puch X 30 N	Mofa	Puch-Zweitakt	1,5	2-Gang-Hand	Rohrrahmen	Telegabel/Schwinge	1974–1981
Puch Maxi 2-40	Moped	Puch-Zweitakt	2,1	2-Gang-Hand	Pressstahl	Telegabel/Schwinge	1974–1979
Puch Maxi SL	Mofa	Puch-Zweitakt	1,5	1-Gang-Aut.	Pressstahl	Telegabel/Schwinge	1975–1981
Puch X 30 A	Mofa	Puch-Zweitakt	1,5	1-Gang-Aut.	Rohrrahmen	Telegabel/Schwinge	1975–1981
Puch Maxi Sport	Mofa	Puch-Zweitakt	1,5	1-Gang-Aut.	Pressstahl	Telegabel/Schwinge	1978–1985

Mofas, Maxis – Maxi-Mofas

Natürlich versuchte Puch nun, mit dem bestehenden Fahrzeugmaterial und entsprechend auf 25 km/h gedrosselten Motoren den deutschen Markt zu bedienen. Aber es zeichnete sich bei der rasanten Entwicklung und der steigenden Beliebtheit der Mofas schnell ab, dass eine völlige Neukonstruktion hermusste.

Schon Mitte der sechziger Jahre begannen die Grazer unter der Leitung von Ingenieur Karl Hotter mit der Entwicklung eines neuen Blechpress-Rahmens mit integriertem Tank, der auf einer automatischen Schweißstraße hergestellt werden konnte. Daran wurde eine einfache, ungedämpfte Telegabel montiert, die wiederum ein 17-Zoll-Drahtspeichenrad trug. Ein Gleiches wurde als Hinterrad zunächst starr an das Heckteil des Rahmens geschraubt; bald nach Einführung des Mofas war auch eine Hinterradschwinge mit zwei Federbeinen verfügbar.

Zum Antrieb (mit getrenntem Pedal-Kettenantrieb) diente ein einfacher schlitzgesteuerter (Umkehrspülung), fahrtwindgekühlter Zweitaktmotor, dessen Leichtmetallzylinder – anders als bei allen bisherigen Puch-Modellen – liegend angeordnet war. Die Kurbelwellenenden trugen links den Schwunglicht-Magnetzünder und rechts die Fliehkraftautomatik – ein Gang musste erst einmal reichen. Je nach Auslegung des Vergasers und der Steuerzeiten waren Leistungen von 1 bis 2,4 PS abrufbar, womit sich dann wiederum die in den jeweiligen Ländern geltende Höchstgeschwindigkeit regeln ließ.

1969 kam das »Maxi« schließlich auf den Markt und schlug ein wie die sprichwörtliche Bombe. Puch konnte innerhalb eines Jahres die Stückzahlproduktion motorisierter Zweiräder verdoppeln. Und der Erfolg war nahezu unvermeidlich. Mofas lagen voll im Trend, und Puch konnte eines der besten liefern. Eine saubere Verarbeitung,

> Die ersten Maxis hatten noch keine Hinterradfederung, und als Modell »N« blieb das Mofa auch bis zum Ende der Puch-Zweiradproduktion im Programm und fand immer seine Käufer.

> Beim Maxi L – wie Luxus – war die Heckpartie völlig anders gestaltet, um die beiden Federbeine, die die Schwinge abstützten, aufnehmen zu können. Ein längerer Gepäckträger und die Werkzeugtasche gehörten ebenfalls zur L-Ausstattung.

> Die 1974er-Ausführung des Maxi-Mofas mit Eingang-Automatik und Topausstattung hatte die Zusatzbezeichnung »S«.

> Die S-Ausführung von 1977, unter anderem jetzt mit Druckgussfelgen.

eine Beschränkung auf das Nötigste (was auch bedeutete: kein Verzicht auf das Nötigste!), ein Preis im Mittelfeld und ein gutes Vertriebs- und Kundendienstnetz sorgten dafür, dass Puch am Ende über 1,8 Millionen Maxis gebaut hatte!
Beinahe von selbst verstand es sich, dass es auch beim einfachen Mofa bald Weiterentwicklungen – sprich Aufrüstungen – geben würde. Nicht zuletzt auf dem deutschen Markt, wo Puch mit seinen Mofas so erfolgreich wie mit keiner anderen Fahrzeuggattung war, verlangte der Wettbewerb mit den Platzhirschen Kreidler, Zündapp und

> *Puch-Modell X 30 von 1974. Für Deutschland hatte das Rohrrahmen-Mofa jetzt wahlweise eine 2-Gang-Handschaltung, die Motorleistung blieb bei 1,5 PS.*

> *Die 2 im Schriftzug stand für ein handgeschaltetes Zweiganggetriebe, das nicht zuletzt auf dem deutschen Markt gefordert wurde. Im Bild die Maxi 2-40 von 1977. In Deutschland hieß die gedrosselte Version entsprechend 2-25.*

Hercules nach Differenzierung. So führte Puch ab 1974 ein Maxi-Modell mit Zweigang-Handschaltung und vier Jahre später mit einer Zweigang-Automatik ein. Es gab die Modelle »N« ohne Hinterradfederung, »S« mit Schwinge und Federbeinen, »Super« mit Schwinge, Gepäckkorb und viel Chrom und »D« mit Super-Ausstattung und Sitzbank. Ab 1983 konnte das Modell Maxi-Plus mit einer Triebsatzschwinge geordert werden. Höhepunkt der Entwicklung war das von Dr. Franz Laimböck entwickelte Super Maxi mit Katalysator, das ab 1986 fortschrittliche Zweitakt-Technik demonstrierte.

> *Eine besondere Spezies der X-30-Modelle kam aus dem spanischen Avello-Werk. Besonders auffällig an den Maschinen aus Gijon war das gelochte Tankhalteblech.*

Die aber inzwischen kaum noch jemanden interessierte. Von 1985 auf 86 hatte sich die Mofa-Produktion bei Puch fast halbiert. Wiederum verschärfte Führerscheinbedingungen und Helmpflicht in verschiedenen Ländern ließen die Lust am »Mofeln« in der zweiten Hälfte der achtziger Jahre deutlich sinken. Der harte Kern der Kundschaft blieb zwar weiterhin dem Mofa treu, doch das war für Puch viel zu wenig, um die kaum noch rentable Produktion aufrechterhalten zu können. Denn verdient wurde mit den kleinen Zweirädern fast nichts mehr. Seit Jahren hatte sich die Palette der 50-cm³-Maschinen von Puch in eine kaum mehr zu überblickende Modellvielfalt ausgeweitet. Allein in Deutschland bot Puch zum Beispiel 1984 18 verschiedene Modelle an. Und die waren länderspezifisch anders ausgestattet als die Maschinen, die in andere Länder gingen. Auf einem der wichtigsten Exportmärkte, den USA, galt es auch nicht nur die strengen Bundesgesetze zu beachten. In vielen Bundesstaaten gab es nämlich wiederum verschiedene Gesetzgebungen, die unterschiedliche Ausstattungen erforderten. So gab es letztlich hunderte Modell-Variationen, die in immer kleineren Losgrößen aufs Band gelegt wurden – tödlich für jeden Fertigungsbetrieb!

> *Um 1980 herum war das Maxi Sport das Topmodell der Mofareihe. Die gesteppte »Sitzbank«, Druckguss-Felgen, ein großer Rundscheinwerfer, ein kleines Cockpit und Seitenreflektoren kennzeichneten diese Variante, die später noch eine Vierleuchten-Blinkanlage erhielt.*

Es fiel den Puch-Managern schließlich nicht leicht, sich von der traditionsreichen Zweiradfertigung zu trennen; jedoch war der Schritt unausweichlich. Wie viele andere europäische Hersteller schon längst zuvor, musste die Steyr Daimler Puch AG 1987 ihre Zweiradfertigung verkaufen. Im italienischen Piaggio-Konzern wähnte man die Marke ab 1989 in guten Händen. Nach einer stetigen Modellreduzierung von dort aus gab Piaggio schließlich 1995 die Marke Puch für Mofas auf.

> Ab 1979 war in Deutschland das Modell X 50-2 mit 17-Zoll-Magnesium-Druckgussrädern erhältlich.

> Das Maxi-N mit der Zusatzbezeichnung DGR in der 80er-Jahre-Version mit Druckguss-Rädern.

> Mitte der 80er Jahre auch in Deutschland erhältlich: Die Mini-Maxi in Schweinchenrosa und mit kleinen 14-Zoll-Rädern.

> *Das Modell »Racing« war Ende der 80er Jahre eines der letzten in Deutschland eingeführten Puch-Mofas.*

Die Puch-Modelle 1979–1995 in der Übersicht

Modell	Art	Motor	Leistung PS	Getriebe	Rahmen	Federung v/h	Angebot in D
Puch X 40	Mofa	Puch-Zweitakt	1,5	1-Gang-Aut.	Rohrrahmen	Telegabel/Schwinge	1979–1982
Puch X 50-2	Mofa	Puch-Zweitakt	1,5	2-Gang-Hand	Rohrrahmen	Telegabel/Schwinge	1979–1985
Puch Pionier	Mofa	Puch-Zweitakt	1,5	3-Gang-Hand	Rohrrahmen	Telegabel/Schwinge	1979–1981
Puch X 50 3-Gang	Moped	Puch-Zweitakt	2,2	3-Gang-Hand	Rohrrahmen	Telegabel/Schwinge	1979–1987
X 50-3 Luxus	Mofa	Puch-Zweitakt	1,5	3-Gang-Hand	Rohrrahmen	Telegabel/Schwinge	1981–1987
Ranger 25	Mofa	Puch-Zweitakt	1,5	3-Gang-Hand	Rohrrahmen	Telegabel/Schwinge	1981–1985
Mini Maxi	Mofa	Puch-Zweitakt	1,5	1-Gang-Aut.	Pressstahl	Telegabel/Schwinge	1982–1984
Maxi Plus	Mofa	Puch-Zweitakt	1,5	1-Gang-Aut.	Pressstahl	Telegabel/Schwinge	1982–1985
Puch Maxi S 2	Mofa	Puch-Zweitakt	1,5	1-Gang-Aut.	Pressstahl	Telegabel/Schwinge	1982–1987
Maxi Chopper	Mofa	Puch-Zweitakt	1,5	1-Gang-Aut.	Rohrrahmen	Telegabel/Schwinge	1983–1987
Puch X 30-2	Mofa	Puch-Zweitakt	1,5	2-Gang-Hand	Rohrrahmen	Telegabel/Schwinge	1983–1987
Puch Maxi E	Mofa	Puch-Zweitakt	1,5	1-Gang-Aut.	Pressstahl	Telegabel/Schwinge	1985–1987
Maxi Super S	Mofa	Puch-Zweitakt	1,5	1-Gang-Aut.	Pressstahl	Telegabel/Schwinge	1985–1992
Puch Racing 25	Mofa	Puch-Zweitakt	1,5	3-Gang Hand	Rohrrahmen	Telegabel/Schwinge	1985–1988
Puch P 1 XL	Mofa	Puch-Zweitakt	1,4	1-Gang-Aut.	Rohrrahmen	Telegabel/Schwinge	1990–1992
Puch P 1 XL 2-Gang	Mofa	Puch-Zweitakt	1,4	2-Gang-Hand	Rohrrahmen	Telegabel/Schwinge	1992–1995

Mofa-Vielfalt aus Italien

Aprilia

Das Unternehmen wurde kurz nach dem Zweiten Weltkrieg von Alberto Beggio als Fahrradfabrik gegründet. Beggio, ein Fan des Lancia Aprilia, den er für das beste Auto der Welt hielt, nannte seine Firma kurzerhand genauso, weil er die besten Fahrräder der Welt bauen wollte. Ivano Beggio übernahm die Firma 1968 von seinem Vater und begann, parallel zum Fahrradgeschäft mit 18 Mitarbeitern kleine Geländemotorräder mit 50 cm^3 zu produzieren. 1975 startete Ivano Beggio auch mit der Fertigung von Mopeds, die aber nicht nach Deutschland exportiert wurden. Ab 1980 konzentrierte sich Aprilia hauptsächlich auf Zweiradkonstruktionen für sich und andere Firmen und war zeitweilig nur als Konfektionär unterwegs. Mitten in die Mofakrise hinein kam dann 1982 das Mofa »Filo« in Deutschland auf den Markt, das auch als Kleinkraftrad zu haben war. Das Mofa wurde von einem Eingang-Automatikmotor angetrieben, der an einem dicken Rohrrahmen hing, der auch als Tank diente. Plastikkotflügel und Druckgussfelgen passten in die Zeit. Wegen Erfolglosigkeit wurde das Mofa nur bis 1983 angeboten, bei den 50ern konzentrierte sich Aprilia künftig auf den Mokick-Sektor

> Aprilia bot sein Modell Filo als Mofa oder Kleinkraftrad an. Für beide kam schon 1983 das Aus.

Benelli

Die Firma Benelli wurde 1911 in Pesaro bei Rimini als »Garage Benelli« von sechs Brüdern gegründet. Die Serienfertigung von Motorrädern durch Benelli begann 1921.

1950 begann Luigi Benelli, einer der sechs Benelli-Brüder, der sich im Streit vom Stammhaus getrennt hatte, unter der Marke »Moto B« eine eigene Motorradproduktion in Pesaro. 1962 kehrte Motobi ins Benelli-Stammhaus zurück. 1971 übernahm der argentinische Unternehmer Alejandro de Tomaso die Firma.

Danach kamen auch einige Mofas, Mokicks und Kleinkrafträder in das Benelli-Motobi-Programm, die anfangs über Michael Mayr in München und ab 1974 von der WESDA-Handelsgesellschaft in Lintorf mit durchwachsenem Erfolg vertrieben wurden.

Der Münchner Händler Mayr machte den Anfang und versuchte ab 1970, mit dem aufkommenden Trend der City- und Minibikes mitzuschwimmen. Und genauso nannten sich die Benelli-Fahrzeuge auch, die es anfangs als Mopeds mit Eingang-Automatik oder Dreigang-Handschaltung, ab 1972 dann nur noch als Mokicks gab. Und mit der »Motorella« zielte man auf die durchaus erfolgreiche »Motograziella« ab (siehe entsprechendes Kapitel). 1972 kam dann auch das vorläufig einzige Mofa des italienischen Herstellers auf den deutschen Markt. »Bobo« nannte sich das einfache Fahrzeug ohne Hinterradfe-

> Das Citybike von Benelli reihte sich um 1970 herum in das Angebot ähnlicher Fahrzeuge ein. Anfangs in Deutschland noch als Moped geführt, war es bald nur noch den Mokicks zugeordnet.

derung, das mit Änderungen im Tankdesign bis 1976 von der WESDA-Handelsgesellschaft angeboten wurde.
Ab 1975 kam es unter dem Kürzel MBA zu einer Kooperation der Firmen Morbidelli und Benelli. Eine Folge dieser Zusammenarbeit war eine für den deutschen Markt produzierte Mofareihe, die hierzulande unter der Bezeichnung »Komet« auftauchte, aber ein äußerst rares Exemplar blieb. Die Maschinen wurden von einem modernen Sachs-Motor angetrieben, die Komet 1 mit Eingang-Automatik, die Komet 2 mit Zweigang-Handschaltung. Die genaue Angebotszeit dieser Maschinen in Deutschland konnte nicht recherchiert werden, aber mit dem Ende des Mofabooms 1981 und spätestens, als Benelli Mitte der 80er Jahre alle Zweiradaktivitäten einstellte, war auch die Zeit der Komet vorbei.

> Michael Mayr mühte sich redlich um den Import der kleinen Benelli-Flitzer. Das Minibike mit Acht-Zoll-Rädern kam im Stile der Honda Monkey daher.

> Die »Motorella« mit Neun-Zoll-Rädern wurde 1970/71 noch als Moped angeboten und lief danach als Mokick durch die Kataloge.

> Das Bobo-Mofa von Benelli in der Ausführung der frühen 70er Jahre ...

> ... und ab etwa 1973, unter anderem mit einem neuen Tank. Die Bob-os blieben stets billige Einfachfahrzeuge ohne Hinterradfederung.

> Von Anfang an lag der Fokus in Sachen 50er bei Benelli-Motobi auf dem Bau von Mokicks, die in Italien immer noch steuer- und führerscheinfrei waren.

> In Kooperation mit Morbidelli und Fichtel & Sachs tauchte zum Ende der 70er Jahre hin ein Mofa namens »Komet« in Deutschland auf.

Die Benelli-Modelle in der Übersicht

Modell	Art	Motor	Leistung PS	Getriebe	Rahmen	Federung v/h	Angebot in D
Benelli Citybike	Moped	Benelli-Zweitakt	1,15	1-Gang-Aut.	Rohrrahmen	Telegabel/Schwinge	1970–1972
Motorella	Moped	Benelli-Zweitakt	1,15	1-Gang-Aut.	Rohrrahmen	Telegabel/keine	1970–1872
Minibike I	Moped	Benelli-Zweitakt	1,15	3-Gang-Hand	Rohrrahmen	Telegabel/Schwinge	1970–1972
Mnibike II	Moped	Benelli-Zweitakt	1,15	3-Gang-Hand	Rohrrahmen	Telegabel/Schwinge	1970–1972
Benelli Bobo	Mofa	Benelli-Zweitakt	0,9	1-Gang-Aut.	Rohrrahmen	Telegabel/keine	1972–1976
MBA Komet 1	Mofa	Sachs-Zweitakt	1,5	1-Gang-Aut.	Tank-Rohrrahmen	Telegabel/Schwinge	ca. 1978–1981
MBA Komet 2	Mofa	Sachs-Zweitakt	1,5	2-Gang-Hand	Tank-Rohrrahmen	Telegabel/Schwinge	ca. 1978–1981

Cesare Rizzato

Die Atala-Velocipedi-Fabrik wurde 1907 von Angelo Gatti, Ex-Manager von Bianchi, in Mailand als reine Fahrradfabrik gegründet.

1938 wurde die Marke Atala dann von Cesare Rizzato übernommen, einem Handwerker und Webstuhlbauer in Padua, der bereits seit 1921 Fahrräder baute. Rizzato begann sofort mit der Produktion kleiner Motorzweiräder mit 50 cm³ Hubraum, die dann ab den 50er Jahren als Mopeds und ab Ende der 60er Jahre auch als Mofas über die italienische Grenze hinaus bekannt wurden. Auch Mopedroller waren im Angebot, sogar solche mit Elektroantrieb. In Europa wurden die preiswerten Zweiräder vor allem unter den Bezeichnungen »Califfo«, »Ringo«, »Satan« und »Turismo« bekannt.

In Deutschland war es zunächst der Multiimporteur Zweirad Röth aus Hammelbach, der ab 1976 das Mofa »Califfo de Luxe 25« einführte. Neben der Eingang-Automatik kam bald ein Motor mit handgeschaltetem Dreiganggetriebe dazu. Mit dem Rückgang der Verkaufszahlen für Mofas nach 1980 zog Fritz Röth sein Engagement in dieser Klasse wieder zurück.

Das war aber nicht das Ende für Rizzato-Mofas in Deutschland. 1994 tauchten in Deutschland zwei Mofas unter der reaktivierten Marke »Atala« auf. Das Modell »Master LF« mit modern gezeichnetem Tank-Pressstahlrahmen, Triebsatzschwinge mit Zentralfeder, Einersitzbank und Zweitaktmotor mit Eingang-Automatik passte in die Mofawelt dieser Zeit. Anders als die aufwändig gestaltete »Master 4« mit Vierganggetriebe, Scheibenbremse vorn und Cockpit. 2.540 Mark kostete die LF, satte 3.700 wurden für das Viergang-Mofa aufgerufen (das auch als Mokick lieferbar war). Zu viel offensichtlich, denn im Jahr darauf war dieses Modell schon wieder vom Markt verschwunden.

1996 hatte Quelle das Modell »Buffalo M 1« von Cesare Rizzato im Angebot. Ab 1999 vertrieb Rizzato ein ähnliches Mofa wieder unter dem eigenen Namen. M 25 hieß das Modell jetzt, das unter anderem durch eine klassische Schwinge mit zwei Federbeinen, Speichenfelgen und einfache Ausstattung unter 2000 Mark gedrückt werden konnte. Schon 2001 kehrten die Italiener zum Markennamen Atala zurück.

> *Das Califfo de Luxe S mit Druckgussfelgen war mit Eingang-Automatik ...*

> … oder Dreigang-Handschaltung zu haben.

> Das weltweit vertriebene Mofa »Califfo« des italienischen Herstellers Cesare Rizzato, hier in der de-Luxe-Version mit verchromten Schutzblechen und Drahtspeichenrädern.

> Die üppig ausgestattete »Atala Master 4« mit Vierganggetriebe und Scheibenbremse war in Deutschland nur sehr kurz zu sehen.

> Mitte der 90er Jahre bot Rizzato die »Master LF« unter dem alten Markennamen »Atala« an.

Die Rizzato- und Atala-Modelle in der Übersicht

Modell	Art	Motor	Leistung PS	Getriebe	Rahmen	Federung v/h	Angebot in D
Califfo de Luxe 25	Mofa	Rizzato-Zweitakt	1	1-Gang-Aut.	Rohrrahmen	Telegabel/Schwinge	1976–1980
Califfo de Luxe S	Mofa	Rizzato-Zweitakt	1	1-Gang-Aut.	Rohrrahmen	Telegabel/Schwinge	1978–1980
Califfo de Luxe S 3-Gang	Mofa	Rizzato-Zweitakt	1	3-Gang-Hand	Rohrrahmen	Telegabel/Schwinge	1978–1980
Atala Master LF	Mofa	Rizzato Zweitakt	1,1	1-Gang-Aut.	Pressstahl	Telegabel/Schwinge	1994–1999
Atala Master 4	Mofa	Rizzato-Zweitakt	k. A.	4-Gang-Fuß	Pressstahl	Telegabel/Schwinge	1994–1995
Buffalo 1 M	Mofa	Rizzato-Zweitakt	1,1	1-Gang-Aut.	Pressstahl	Telegabel/Schwinge	1996–1999
Rizatto M 25	Mofa	Rizzato-Zweitakt	1,36	1-Gang-Aut.	Pressstahl	Telegabel/Schwinge	1999–2000

Chiorda

Die kleine italienische Fahrradschmiede Chiorda hatte 1954 in Bergamo mit dem Bau kleiner Motorräder mit Viertakt-, später mit Zweitaktmotoren begonnen. Dabei blieb man klassischer Konfektionär, bezog die Motoren von Morini oder Minarelli. Zu Beginn der 70er Jahre versuchte die Firma, mit Mofas und Kleinkrafträdern in den deutschen Markt einzudringen. Die Firma Standex aus Alzenau tat sich jedoch recht schwer mit dem Import der Maschinen, die – bis auf die Mofas – so gar nicht nach Kreidler oder Zündapp aussahen. Die Mofas mit den Namen »Euromat«, »Ghibli«, »Pirate« oder »Tevere« wurden alle von dem knapp 1 PS leistenden Minarelli-Zweitakter mit Eingang-Automatik angetrieben. Auch ein Moped wurde in Bergamo für Standex gebaut, ein Zweisitzer mit Zweigang-Automatik. Bis auf das Spitzenmodell Tevere hatten alle Chiorda-Typen einen Rohrrahmen, mit oder ohne Hinterradfederung.

Nachdem Standex den Vertrieb der Marke eingestellt hatte, lief das Modell Euromat bis 1974 über die Hertie-Werbung. Und danach übernahm die Demm-Delta GmbH in Bergneustadt den Vertrieb des Mofas noch bis 1976.

> *Die »Tevere«, allradgefedert und mit Pressstahl-Tankrahmen, war 1970/71 das Spitzenmofa aus dem Hause Chiorda, in Deutschland von der Standex GmbH vertrieben.*

> *Der Chiorda-Typ »Euromat« wurde 1973 von der Warenhauskette Hertie übernommen und dort kurzzeitig als Einstiegsmodell angeboten.*

Die Chiorda-Modelle in der Übersicht

Modell	Art	Motor	Leistung PS	Getriebe	Rahmen	Federung v/h	Angebot in D
Chiorda Euromat	Mofa	Minarelli-Zweitakt	0,9	1-Gang-Aut.	Rohrrahmen	Telegabel/keine	1970–1972
Chiorda Ghibli	Mofa	Minarelli-Zweitakt	0,9	1-Gang-Aut.	Rohrrahmen	Kurzschwinge/keine	1970–1972
Chiorda Tevere	Mofa	Minarelli-Zweitakt	0,9	1-Gang-Aut.	Presstahl	Kurzschwinge/Schwinge	1970–1972
Chorda Pirata	Mofa	Minarelli-Zweitakt	0,9	1-Gang-Aut.	Rohrrahmen	Kurzschwinge/Schwinge	1970–1972
Chiorda Duplojet	Moped	Minarelli-Zweitakt	0,9	2-Gang-Aut.	Rohrrahmen	Kurzschwinge/Schwinge	1970–1972
Euromat-Laura	Mofa	Batavus-Zweitakt	0,9	1-Gang-Aut.	Rohrrahmen	Telegabel/keine	1972–1973
Euromat-Luxus-Mofa 25	Mofa	Batavus-Zweitakt	1	1-Gang-Aut.	Rohrrahmen	Telegabel/keine	1973–1976

Cimatti

Zunächst nur für die Produktion von Fahrrädern wurde das Unternehmen 1937 vom Radrennfahrer und Olympiateilnehmer Marco Cimatti in Bologna gegründet. Ab 1950 kamen Mopeds hinzu, später auch Mofas und auch sonst alles an Zweiradtypen, was mit 50-cm³-Zweitaktmotoren bestückt werden konnte.

In den 70er und 80er Jahren produzierte das Unternehmen kleine Modellreihen wie die »Kaiman«, das »City-Bike« oder das größere »Town-Bike«. Verwendet wurden stets Zweitaktmotoren von Morini oder Minarelli. Unter der späteren Leitung von Enrico Cimatti, dem Sohn des Firmengründers, belieferte die Firma auch die Märkte in Frankreich, Norwegen, Tunesien und den USA. Nach einer Konjunkturschwäche zu Beginn der 80er Jahre musste das Unternehmen im Jahr 1984 schließen.

Auf den deutschen Markt kam die Marke mit ihren Mofas allerdings erst zu Beginn der 80er Jahre, wenngleich es schon vorher Bemühungen gegeben hatte, sich hier zu etablieren. So erschien das schon seit Mitte der 70er Jahre produzierte Modell »Oasi« erst 1981 in Deutschland, zusammen mit den Typen »Minichic«, »Gringo« und »Kaiman«. Während die Oasi die klassische Mofabauart repräsentierte, entsprach die Minichic den Citybikes der frühen 70er Jahre mit kleinen Zehn-Zoll-Gussrädern. Die Typen Gringo als Mofa/Moped mit Doppelsitzbank und Kaiman als Sportmofa waren jeweils mit einem Dreiganggetriebe ausgestattet. Letzteres war 1984 noch einziges Überbleibsel im Cimatti-Angebot.

> *Schon Ende der 60er Jahre war Cimatti mit dem Modell »Chic«, später auch »City Bike« genannt, auf internationalen Märkten präsent. Offiziell aber nicht in Deutschland.*

> *Seit Mitte der 70er gebaut, aber erst 1981 offiziell auf den deutschen Markt gekommen: Das Automatikmofa »Oasi« von Cimatti.*

> *Kam auch erst spät nach Deutschland: »Minichic« von Cimatti in der klassischen Minimofa-Bauart der frühen 70er Jahre.*

> *Gab es als Mofa oder Mokick (Bild): Die Cimatti »Gringo« mit Dreigang-motor von Morini.*

Die Cimatti-Modelle in der Übersicht

Modell	Art	Motor	Leistung PS	Getriebe	Rahmen	Federung v/h	Angebot in D
Cimatti Oasi	Mofa	Minarelli-Zweitakt	1	1-Gang-Aut.	Pressstahl	Telegabel/Schwinge	1981–1882
Minichic	Mofa	Minarelli-Zweitakt	1	1-Gang-Aut.	Rohrrahmen	Telegabel/Schwinge	1981–1882
Cimatti Gringo	Mofa	Morini-Zweitakt	1,6	3-Gang-Hand	Tank-Rohrrahmen	Telegabel/Schwinge	1981–1883
Cimatti Kaiman	Mofa	Morini-Zweitakt	1,8	3-Gang-Hand	Rohrrahmen	Telegabel/Schwinge	1981–1984

Demm

Der italienische Motorradhersteller war seit 1953 zunächst in Bologna und später in Mailand ansässig. Zum Herstellungsprogramm gehörten sowohl Zwei- und Viertaktmotoren bis 175 cm^3, die an andere Hersteller geliefert wurden, als auch kleinere motorisierte Zweiräder, vor allem Mofas und Mopeds. Demm exportierte seine Zweiräder unter anderem nach Großbritannien, Australien, den Niederlanden und Deutschland. Hier war es die Firma Demm-Delta in Bergneustadt, eigentlich ein Kühlanlagen-Hersteller, die neben den Demm-Zweirädern zunächst auch Fahrzeuge der italienischen Marken Chiorda, Moto-Guzzi und Fantic anbot. Aber auch die aus Lettland (damals noch Sowjetunion) stammenden Riga-Mofas oder die inzwischen in den Niederlanden gefertigten Berini-Typen. Später kamen noch Jawa-Modelle dazu.

Die Marke Demm betreffend wurden hierzulande Mitte der 1970er Jahre insbesondere die Mofas (und jeweils auch eine Moped-version) »Smily« und »Scout« verkauft, die jedoch keine nennenswerten Marktanteile erlangen konnten.

Demm war unter anderem bekannt für seine mitunter ungewöhnlichen Namensgebungen. So gab es in den 70er Jahren das Modell »Dick-Matic«, ein weiteres Mofa bzw. Moped der 1970er hieß »Ping-Pong«, das durch seine kleinen Räder und den niedrigen Rahmen besonders für Camper geeignet war. Der Versuch, mit dem Typ Smily ein Mofa mit Wasserkühlung – ähnlich wie bei Solo – auf dem deutschen Markt zu etablieren, scheiterte kläglich, dafür kam 1976 mit dem Demm 25 das bis dahin einzige Mofa mit Pressstahl-Tankrahmen und ohne Hinterradfederung ins Programm. Die Wasserkühlung wurde später vom Scout SL 25 übernommen.

Zwar existierte die Firma Demm noch bis 1988, in Deutschland war die Marke nach 1981 aber vom Markt verschwunden.

> *Die »Scout«-Modelle von Demm waren moderne Mofas, die alles hatten, was so ein Fahrzeug brauchte. Auch das Triebwerk mit dem Einkettensystem musste sich vor einem Sachsmotor nicht verstecken.*

> *Einfacher und preiswerter ging es beim Demm-Modell »Smily Junior« zu, viel Plastik und zwei Ketten zum Hinterrad, das ungefedert war.*

> *Was war zuerst da, das Huhn oder das Ei – die Honda Dax oder die Demm Ping-Pong?*

Die Demm-Modolle in der Übersicht

Modell	Art	Motor	Leistung PS	Getriebe	Rahmen	Federung v/h	Angebot in D
Demm Scout 25	Mofa	Demm-Zweitakt	1,28	1-Gang-Aut.	Rohrrahmen	Telegabel/Schwinge	1974 1981
Demm Scout 40	Moped	Demm-Zweitakt	1,48	1-Gang-Aut.	Rohrrahmen	Telegabel/Schwinge	1974–1979
Demm Ping-Pong 25	Mofa	Demm-Zweitakt	1,28	1-Gang-Aut.	Rohrrahmen	Telegabel/Schwinge	1974–1979
Demm Ping-Pong 40	Moped	Demm-Zweitakt	1,48	1-Gang-Aut.	Rohrrahmen	Telegabel/Schwinge	1974–1977
Smily-Chrom	Mofa	Demm-Zweitakt	1,28	1-Gang-Aut.	Rohrrahmen	Telegabel/Schwinge	1975–1976
Smily Wasserkühung	Mofa	Demm-Zweitakt	1,8	1-Gang-Aut.	Rohrrahmen	Telegabel/Schwinge	1976–1977
Demm 25	Mofa	Demm-Zweitakt	1,5	1-Gang-Aut.	Pressstahl	Telegabel/keine	1976–1978
Demm Smily jr. 25	Mofa	Demm-Zweitakt	1,1	1-Gang-Aut.	Rohrrahmen	Telegabel/keine	1978–1981
Demm Scout SL 25	Mofa	Demm-Zweitakt	1,8	1-Gang-Aut.	Rohrrahmen	Telegabel/Schwinge	1979–1981
Demm Toxy 40	Moped	Demm-Zweitakt	1,5	1-Gang-Aut.	Rohrrahmen	Telegabel/Schwinge	1979–1981

Fantic

1968 wurde Fantic Motor von Mario Agrati und Henry Keppel-Hesselink an der Via Parini im italienischen Barzago gegründet. Das Unternehmen kam erst spät auf den Mofamarkt, gehörte aber dank seiner Kreativität bald zu den ersten Adressen. Die originell gestalteten Maschinen verkauften sich sogar in den USA, wo pro Jahr bis zu 20.000 Fahrzeuge abgesetzt werden konnten. In Deutschland waren die Maschinen zwar stets präsent, blieben aber trotzdem nur eine Randnotiz.

Für den Vertrieb war hier zunächst ab 1971 die Fantic-Motoma GmbH von Michael Mayr in München zuständig, der auch die Marke Benelli vertrat. Der Vertrieb beider Marken ging an die Benelli-WESDA-Handelsgesellschaft in Lintdorf, ehe schließlich Hans Hoffmann in Ditzingen die Fantic-Pedalfahrzeuge importierte.

Fantic hatte sich auf Spaßmobile spezialisiert, so stach vor allem das Kindermofa »Fantichino« aus der Masse des Angebots zu Beginn der 70er Jahre heraus, während das als Mofa oder Moped angebotene Motoma TX-7 in die Kategorie der Minibikes jener Zeit passte.

1975 löste das Minibike TX 172 die bisherigen Spaßbikes von Fantic ab. 1979 in Lei 25 umbenannt, war das Fahrzeug durch die Mofakrise nach 1981 in Deutschland nicht mehr erhältlich.

Eines der meistverkauften Mofas in Italien war der Typ »Issimo«, der 1979 auch nach Deutschland kam und hier einige Jahre allein die Fantic-Mofasparte vertrat. Ehe 1985 die futuristische »Sprinter Multispeed« dazukam. Die Besonderheit war hier die Triebsatzschwinge, wie man sie aus dem Rollerbau kannte. 1989 löste das Modell Joy mit der gleichen Technik, aber deutlich mehr Motorleistung diesen Typ schon wieder ab.

1991 verabschiedete sich Fantic in Deutschland vom nicht mehr lukrativen Mofamarkt.

> *»Fantichino« nannte Fantic sein Kindermofa, das seit 1971 auf dem deutschen Markt zwar für Aufsehen, aber letztlich wenig Erfolg sorgte.*

> *Ein Dauerbrenner im Fantic-Programm: Die TX-7 gab es als Moped oder Mofa in verschiedenen Ausstattungsvarianten.*

> Das Minibike Fantic TX 172 (Lei 25) löste 1975 die TX-7-Modelle ab. Im Bild die Mokickversion TX 174.

> Hochinteressant war das 1975 gezeigte Fantic-Modell TX-200 mit Pedalen. Die Mopedversion war mit einem Vierganggetriebe ausgestattet. Diese Maschine kann als eines der frühesten Sportmofas in Deutschland bezeichnet werden.

> »Issimo« nannte Fantic seine Mofabaureihe, die in verschiedenen Ausführungen die 80er Jahre durchlebte.

> Futuristisch-kantige Figur und die Triebsatzschwinge charakterisierten die »Joy« als letzte Mofaentwicklung der Firma Fantic.

Die Fantic-Modelle in der Übersicht

Modell	Art	Motor	Leistung PS	Getriebe	Rahmen	Federung v/h	Angebot in D
Fantichino	Mofa	Fantic-Zweitakt	0,9	1-Gang-Aut.	Rohrrahmen	Telegabel/keine	1971–1974
Fantic TX-7	Mofa	Fantic-Zweitakt	1,8 / 0,65	1-Gang-Aut.	Rohrrahmen	Telegabel/keine	1970–1978
Fantic TX-7 X SL	Mofa	Fantic-Zweitakt	1,8	1-Gang-Aut.	Rohrrahmen	Telegabel/Schwinge	1971–1974
Fantic TX-7 Luxus	Moped	Fantic-Zweitakt	2,8	1-Gang-Aut.	Rohrrahmen	Telegabel/Schwinge	1970–1974
TX 172 / Lei 25	Mofa	Fantic-Zweitakt	1,3	1-Gang-Aut.	Rohrrahmen	Telegabel/Schwinge	1975–1981
Issimo 25	Mofa	Fantic-Zweitakt	1,2	1-Gang-Aut.	Rohrrahmen	Telegabel/Schwinge	1979–1991
Sprinter Multispeed	Mofa	Fantic-Zweitakt	1,4	1-Gang-Aut.	Rohrrahmen	Telegabel/Schwinge	1985–1988
Fantic Joy	Mofa	Fantic-Zweitakt	2,5	1-Gang-Aut.	Vierkantrohr	Telegabel/Schwinge	1989–1991

Garelli

Garelli wurde besonders ab den 1960er Jahren in Deutschland bekannt, als die Firma durch die Zusammenarbeit mit dem Neckermann Versand und dem Kaufhauskonzern Karstadt verstärkt in den deutschen Zweiradmarkt einstieg. Das Großversandhaus Neckermann hatte die Mini-Bikes (Mosquito) der 1919 gegründeten Firma Garelli seit Ende der Sechziger im Katalog. Die in Deutschland bekanntesten Zweiräder von Garelli waren die Typen »Bonanza«, »Monza« und »Rekord«. Die Bonanza, im Stile einer Honda Dax, gab es als Mofa, Moped und Mokick. Durch die kompakte Bauform waren die Bonanzas sehr beliebt bei Campern und Wohnmobilbesitzern, da man den Lenker mit wenigen Handgriffen platzsparend zum Transport im oder am Auto umklappen konnte.

Das Hauptprodukt durch die Jahre hindurch war jedoch die Mofabaureihe »Europed«; klassische Mofas, die sich im Laufe der Jahre aktuellen Mofatrends anpassten und in verschiedensten Varianten, Ausstattungen und Motorisierungen von Neckermann angeboten wurden.
Durch den niedrigen Verkaufspreis und den Vertrieb durch Neckermann wurden die Garellis immer als »Billigware« abgestempelt, was nur bedingt den Tatsachen entsprach.
Während Karstadt sich Mitte der 70er Jahre von der Marke Garelli abwendete, bot Neckermann noch bis in die 80er Jahre hinein Garelli-Maschinen an. Da war die italienische Marke aber auch schon mit Direktimporten in Deutschland unterwegs, was notwendig wurde, weil sich schließlich auch Neckermann vom Fahrzeughandel zurückzog.

> Das erste Mosquito-Mofa mit 38-cm³-Motor, das Neckermann Ende der 60er Jahre von Garelli importierte.

> Die »Bonanza« wurde als Dauerbrenner im Garelli-Programm in verschiedenen Ausführungen sowohl von Neckermann als auch von Karstadt vertrieben.

< »Europed« nannten sich alle klassischen Mofas von Garelli. Im Bild die Luxusausführung (ohne Hinterradfederung!) von 1969.

> Aus dem Mosquito wurde 1972 das »City Bike«.

< Ein weiterer Langzeitklassiker von Garelli war das Moped »Duoped« mit Zweigang-Handschaltung oder Automatik-Getriebe.

> Das Moped »Duoped« in einer späteren Luxus-Ausführung mit neuem, liegendem Motor, Edelstahlschutzblechen und üppigem Gepäckträger.

> Das Mofa »Europed Super Luxus« in der Ausführung von 1971. Als Farben konnten Blau oder Rot gewählt werden. Der Preis betrug 569 D-Mark.

> Die Europed-Modelle 25 SL (einfarbig) und SLC von 1974. Immer noch mit dem alten Motor und zwei getrennten Kettenantrieben.

> Auf anderen Märkten und vor allem in Italien bot Garelli schon seit 1972 modernere (und teurere) Motorenkonzepte mit Einkettenantrieb an, wie dieses Modell »Eureka Flex Lux« von 1975.

> Das gleiche Mofa in der Luxusausführung mit Edelstahlschutzblechen und Chrombügel auf dem Gepäckträger.

> 1976 sah man die Europed-Mofas jetzt auch mit modernerem, liegendem Motor, aber immer noch mit zwei Antriebsketten.

> *Die Bonanza 25 S stand Ende der 70er Jahre noch bei Karstadt im Katalog.*

> *Das Mofa Europed 25 XLC in einer Version von 1978 mit Vierleuchten-Blinkanlage.*

Die Garelli-Modelle in der Übersicht							
Modell	**Art**	**Motor**	**Leistung PS**	**Getriebe**	**Rahmen**	**Federung v/h**	**Angebot in D**
Super-Mosquito	Mofa	Garelli-Zweitakt	0,65	1-Gang-Aut.	Rohrrahmen	keine/keine	1969-1972
Europed Standard 25	Mofa	Garelli-Zweitakt	0,88	1-Gang-Aut.	Rohrrahmen	keine/keine	1969-1972
Eurped Luxus 25	Mofa	Garelli-Zweitakt	0,88	1-Gang-Aut.	Rohrrahmen	Telegabel/keine	1969-1972
Eurped Super Luxus 25	Mofa	Garelli-Zweitakt	1,8	1-Gang-Aut.	Rohrrahmen	Telegabel/Schwinge	1971-1972
Eurped Luxus 40	Moped	Garelli-Zweitakt	1,9	1-Gang-Aut.	Rohrrahmen	Telegabel/keine	1969-1972
Duoped 40	Moped	Garelli-Zweitakt	0,92	2-Gang-Aut.	Rohrrahmen	Telegabel/Schwinge	1969-1972
Bonanza 25	Mofa	Garelli-Zweitakt	1,2	1-Gang-Aut.	Rohrrahmen	Telegabel/Schwinge	1971-1979
Bonanza 40	Moped	Garelli-Zweitakt	2,2	1-Gang-Aut.	Rohrrahmen	Telegabel/Schwinge	1971-1973
Garelli 25 / Europed 25	Mofa	Garelli-Zweitakt	1,25	1-Gang-Aut.	Rohrrahmen	keine/keine	1972-1981
Europed Standard 2000	Mofa	Garelli-Zweitakt	1,25	1-Gang-Aut.	Rohrrahmen	keine/keine	1972-1974
Europed Luxus 2000	Mofa	Garelli-Zweitakt	1,25	1-Gang-Aut.	Rohrrahmen	Telegabel/keine	1972-1974
Eurped SL 25	Mofa	Garelli-Zweitakt	1,2	1-Gang-Aut.	Rohrrahmen	Telegabel/Schwinge	1972-1981
Europed SL 40	Moped	Garelli-Zweitakt	2,2	1-Gang-Aut.	Rohrrahmen	Telegabel/Schwinge	1972-1979
City Bike	Mofa	Garelli-Zweitakt	0,65	1-Gang-Aut.	Rohrrahmen	keine/keine	1972-1975
Duoped 40	Moped	Garelli-Zweitakt	2,2	1-Gang-Aut.	Rohrrahmen	Telegabel/Schwinge	1972-1974
Duoped 40 SL	Moped	Garelli-Zweitakt	2,2	2-Gang-Aut.	Rohrrahmen	Telegabel/Schwinge	1974-1979
Europed 25 L	Mofa	Garelli-Zweitakt	1,25	1-Gang-Aut.	Rohrrahmen	Telegabel/keine	1974-1981
Europed 25 SLC	Mofa	Garelli-Zweitakt	1,25	1-Gang-Aut.	Rohrrahmen	Telegabel/Schwinge	1974-1979
Europed 25 XLC	Mofa	Garelli-Zweitakt	1,5	1-Gang-Aut.	Rohrrahmen	Telegabel/Schwinge	1977-1981
Mini Mofa	Mofa	Garelli-Zweitakt	1,2	1-Gang-Aut.	Rohrrahmen	Telegabel/Schwinge	1978-1981
Duoped 40 SC	Moped	Garelli-Zweitakt	2,5	2-Gang-Hand	Rohrrahmen	Telegabel/Schwinge	1979-1981
Europed 40 SL	Moped	Garelli-Zweitakt	2,5	2-Gang-Hand	Rohrrahmen	Telegabel/Schwinge	1979-1981
Garelli 25 S	Mofa	Garelli-Zweitakt	1,2	1-Gang-Aut.	Rohrrahmen	Telegabel/Schwinge	1980-1982
Garelli 25 S/2	Mofa	Garelli-Zweitakt	1,2	2-Gang-Hand	Rohrrahmen	Telegabel/Schwinge	1980-1982
Europed 25 N	Mofa	Garelli-Zweitakt	1,5	1-Gang-Aut.	Rohrrahmen	Telegabel/keine	1981-1984
Europed 25 NL	Mofa	Garelli-Zweitakt	1,5	1-Gang-Aut.	Rohrrahmen	Telegabel/Schwinge	1981-1984
Eurped 25 NLX	Mofa	Garelli-Zweitakt	1,5	1-Gang-Aut.	Rohrrahmen	Telegabel/Schwinge	1981-1984
VIP 25/3	Mofa	Garelli-Zweitakt	1,3	3-Gang-Hand	Rohrrahmen	Telegabel/Schwinge	1982-1984
Sport 25/2	Mofa	Garelli-Zweitakt	1,3	2-Gang-Hand	Rohrrahmen	Telegabel/Schwinge	1981-1982
Sport 25/3	Mofa	Garelli-Zweitakt	1,3	3-Gang-Hand	Rohrrahmen	Telegabel/Schwinge	1982-1984
Duoped 40 NL	Moped	Garelli-Zweitakt	2,7	2-Gang-Hand	Rohrrahmen	Telegabel/Schwinge	1981-1984

Garelli-Kreidler

Nach der endgültigen Kreidler-Pleite 1982 wurde auch die Kreidler-Händlerschaft, die viele Jahre sehr gut von und mit der Marke gelebt hatte, arg gebeutelt. Einer von ihnen, der Dortmunder Großhändler Rudolf Scheidt, dachte indes nicht daran, sich damit zufriedenzugeben, die aus Kornwestheims Konkursmasse mit großem Rabatt angebotenen Florett-Ladenhüter zu verkaufen. Seine »Kreidler Fahrzeug-Vertriebs GmbH & Co. KG« erwarb alle Marken- und Namensrechte und plante die bis zuletzt gut gelaufenen Flory-Mofas nachzubauen. Eine unrealistische Idee, allein die Zulieferfirmen, die auch Gläubiger waren und nach zwei Konkursen nicht mehr an eine Wiederbelebung der Marke glaubten, spielten da nicht mit. Also suchte Scheidt auf dem Mofamarkt nach einer passenden Alternative und wurde bei der italienischen Marke Garelli fündig.

Über den Neckermann Versand bot Garelli das Mofa Europed 25 in drei Ausstattungsvarianten an. Da dieses Mofa einen liegenden Motor und auch sonst viel Ähnlichkeit mit den letzten kleinen Kreidler-Maschinen hatte, einigten sich Scheidt und Garelli auf einen Vertrag, der die Abnahme von Garelli-Mofas in Kreidler-Optik und mit den entsprechenden Schriftzügen vorsah. Die Maschinen wurden zunächst von der Kreidler Fahrzeug-Vertriebs GmbH an Händler abgegeben, ehe ab Mitte der achtziger Jahre auch die Garelli-Kreidler-Mofas über Neckermann angeboten wurden.

Da Garelli einen Vorlauf für den Produktionsstart benötigte, kamen ab Ende 1982 einige originale Garelli-Mofas des Typs VIP 25/3 mit Kreidler-Schriftzügen an Tank und Motordeckeln nach Deutschland. Als Kreidler Flory VIP wies die Maschine einen stehenden Dreigangmotor mit Handschaltung auf, der von den Garelli Leichtkraftrad-

> *Die Flory VIP war ein waschechtes Garelli-Mofa für eine kurze Übergangszeit. (Foto: Uhu Huet)*

> Das Dreigang-Mofa Flory G war aus dem Garelli VIP entstanden, jetzt in ähnlicher Optik wie die früheren echten Kreidler-Mofas.

> Mit Chrom, Rückspiegel und Cockpit aufgewertet: Kreidler Flory GL von Garelli.

Modellen abgeleitet war. 1,4 PS reichten allemal für 25 km/h, auch an leichten Steigungen, aus. Serienmäßig waren Gepäckträger, Tachometer und eine bequeme Einpersonen-Sitzbank an Bord. Eine Blinkanlage gab es nicht. Lackiert wurde, anders als bei den originalen Garellis, in Rot und Weiß. Mit fast 2000 Mark sollte das Mofa mit dem Kreidler-Schriftzug 500 Mark mehr kosten als die gleiche Garelli-Maschine. Das war kundigen Interessenten nur schwer zu vermitteln.

Ab Mai 1983 trafen die ersten Mofas ein, die den Vorstellungen Scheidts von einer Kreidler-Optik entsprachen. Allerdings noch nicht ganz beim Modell Flory G, das den Dreigang-Motor mit stehendem Zylinder von der VIP übernommen hatte. Ansonsten war das Aussehen, vor allem in den Bereichen Tank und Seitenabdeckungen, den ehemaligen Kreidler-Mofas angepasst und ähnelte denen tatsächlich recht stark. Das in Rot lackierte Basismodell Flory G ohne Rückspiegel und mit einem einfachen, in den Scheinwerfer eingelassenen Tacho kostete 1.898 D-Mark (1984). Die aufgewertete und 100 D-Mark teurere Flory GL besaß wieder ein »Cockpit« mit Zündschloss über dem hochwertigeren Scheinwerfer, in dem serienmäßig der Tacho steckte und ein Platz für den

> Das Automatikmofa »Flirt« war der Einstieg bei den neuen Kreidler-Mofas aus Italien.

optional zu erwerbenden Drehzahlmesser vorgesehen war. Außerdem war die GL in Silbermetallic lackiert, hatte einen Rückspiegel, einen verchromten Tank und Schutzbleche aus Edelstahl.
Während der Typ Flory auf dem Garelli-Modell VIP 25 basierte, stammten die neuen Kreidler-Flirt-Mofas, wie schon oben erwähnt, vom Garelli Europed 25 mit liegendem Aluminium-Zylinder und Automatik-Getriebe ab. Allerdings wurden statt der bei Garelli angegebenen Leistung von 1,5 PS für die Kreidler-Abwandlungen nur 1,3 PS genannt. In der einfachen, wieder in Rot lackierten Version, kostete das Mofa Flirt 1.598 (1984) D-Mark und war damit der Einstieg ins neue Kreidler-Programm. Dafür saß der Fahrer aber auch nur auf einem einfachen Fahrradsattel und musste auf einen Rückspiegel verzichten. Den hatte das besser ausgestattete Kreidler Flirt ES samt einer komfortablen Einzelsitzbank. Außerdem gab es für jetzt 2.198 D-Mark einen Elektrostarter, eine Blinkanlage, Edelstahlschutzbleche und einen verchromten Tank. Der Rahmen war in der damals schwer angesagten Farbe Resedagrünmetallic lackiert.
Garelli hatte mit dem Typ Sport 25/3 auch ein Sportmofa mit Dreigang-Handschaltung und stehendem Zylinder im Angebot. Für Scheidt bildete dieses Fahrzeug eine gute Basis, das von 1980 bis 1982 in Zuffenhausen gebaute Mofa Flott wieder auferstehen zu lassen. Letztlich war es dann aber doch eine fast komplette Neukonstruktion, die 1984 als recht schicke, in Rot lackierte und mit einer Cockpitverkleidung versehene Maschine auf den deutschen Markt kam. Anders als bei Flory und Flirt bestand hier kaum noch Ähnlichkeit mit dem alten Original.
1988 endete die Zusammenarbeit zwischen der Kreidler Vertriebs GmbH in Dortmund und Garelli. Immerhin: Trotz der Garelli-Pleite (1991 übernahm Fantic die angeschlagene Marke) konnten noch Jahre später Ersatzteile für die Garelli-Kreidler aus Dortmund bezogen werden.

> Auch das Modell »Flirt ES« wurde mit Chrom, Edelstahl, einer Blinkanlage und sogar einem Elektrostarter aufgewertet.

> Die »Flott« von Garelli hatte mit dem gleichnamigen originalen Kreidler-Mofa bis auf die Zweitakttechnik nichts mehr gemein.

Die Garelli-Kreidler-Modelle in der Übersicht

Modell	Art	Motor	Leistung PS	Getriebe	Rahmen	Federung v/h	Bauzeit
Flory VIP	Mofa	Garelli-Zweitakt	1,3	3-Gang-Hand	Zentralrohr	Telegabel/Schwinge	1982–1983
Flory G	Mofa	Garelli-Zweitakt	1,3	3-Gang-Hand	Zentralrohr	Telegabel/Schwinge	1983–1988
Flory GL	Mofa	Garelli-Zweitakt	1,3	3-Gang-Hand	Zentralrohr	Telegabel/Schwinge	1983–1988
Flirt	Mofa	Garelli-Zweitakt	1,3	1-Gang-Aut.	Zentralrohr	Telegabel/Schwinge	1983–1988
Flirt ES	Mofa	Garelli-Zweitakt	1,3	1-Gang-Aut.	Zentralrohr	Telegabel/Schwinge	1983–1988
Flott G	Sportmofa	Garelli-Zweitakt	1,5	3-Gang-Hand	Stahlrohr	Telegabel/Schwinge	1984–1988

Gilera

1909 gegründet, ist Gilera einer der ältesten italienischen Motorradhersteller. Mit der Fertigung von 50-cm³-Maschinen hatte man sich schon seit 1955 beschäftigt, ohne hier groß aufzutrumpfen. 1969 übernahm der Piaggio-Konzern die angeschlagene Firma. Danach wurden die Kleinkrafträder RS Touring und RS Trial in Deutschland bekannt, die von der Vespa GmbH in Augsburg vertrieben wurden.

Mit einem Mofa kam Gilera erst 1977 – wieder von der Vespa GmbH in Augsburg eingeführt – auf den deutschen Markt. Dabei hob sich die Gilera cb A deutlich von den Vespa-Mofas des Piaggio-Konzerns ab. Überhaupt war die Optik mit den zwei dicken Rahmenrohren und dem dazwischenliegenden Kunststofftank eher ungewöhnlich im Mofabau. Das von den DAF-Automobilen abgeleitete vollautomatische Getriebe (stufenlose Schaltautomatik) war bei den Vespa-Mofas üblich und für die cb A übernommen worden.

1981 löste die Gilera ec 1 (hieß zunächst noch »eco«) das Modell cb A ab. Der kantige Rahmen bestand jetzt aus Pressstahlelementen. Kleine Räder mit niedrigem Einstieg, die Vierleuchten-Blinkanlage (12V) und ein großer, abnehmbarer Gepäckkorb zielten auf die weibliche Kundschaft ab. Eine Vollverkleidung konnte anfangs optional geordert werden, später gehörte sie bei einem Sondermodell serienmäßig dazu. Die ec 1 blieb als letztes und einziges Gilera-Mofa bis 1995 im Programm.

> *Die Gilera ec 1 in ihrer letzten Ausführung zu Beginn der 90er Jahre.*

> *Die Gilera cb A mit stufenloser Schaltautomatik war das erste Mofa von Gilera auf dem deutschen Markt.*

> *Im Piaggio-Konzern nahm das Mofa ec 1 von Gilera eine Sonderstellung ein und war mit keinem Vespa-Mofa vergleichbar.*

Die Gilera-Modelle in der Übersicht

Modell	Art	Motor	Leistung PS	Getriebe	Rahmen	Federung v/h	Angebot in D
Gilera cb A	Mofa	Gilera-Zweitakt	1,4	Vollautomatik	Rohrrahmen	Telegabel/Schwinge	1977–1981
Gilera ec 1	Mofa	Gilera-Zweitakt	1,4	1-Gang-Aut.	Pressstahl	Telegabel/Schwinge	1981–1995

Italjet

Vor der Entstehung von Italjet hatte sich dessen Gründer Leopoldo Tartarini bereits einen Namen als Motorradrennfahrer gemacht.

Außerdem war er ein gefragter Tuner von Wettbewerbsmaschinen und begann, darauf aufbauend, mit der Serienfertigung von Motorradrahmen. 1957 gründete Tartarini die Firma Italemmezeta, in welcher MZ-Motoren in die von ihm entwickelten Rahmen eingebaut wurden. 1959 begann die Produktion kompletter Motorräder. Schließlich entstand 1961 die Firma Italjet mit Sitz in San Lassaro di Saveno bei Bologna. In die hier neu entstandenen Motorräder wurden Motoren von Minarelli und Sachs, also kleine Zweitakter, eingesetzt.

Ab 1968 entwickelte Italjet viele neue Fahrzeugtypen. So war der Mini-Bambino das erste Minibike für Kinder.

In Deutschland war es einmal mehr der Multiimporteur Zweirad Röth aus Hammelsbach, der ab 1978 mit dem Modell »Pack-a-Way« ein Mofa von Italjet nach Deutschland holte. Ein kleines Miniklappmofa mit Eingang-Automatik, Pressstahlrahmen und Cantilever-Hinterradschwinge, das für die Urlaubsreise leicht zu transportieren war und zusammengeklappt nur 60 x 45 cm maß. 1981 fand man das Minimofa im Karstadt-Katalog, ehe es in Deutschland zunächst von der Bildfläche verschwand. Optisch und technisch überarbeitet – jetzt mit Triebsatzschwinge – sah man das nun Pack 2 genannte Mofa ab 1983 wieder auf dem deutschen Markt. Drei Jahre später endete der Vertrieb in Deutschland.

> *Zusammengeklappt maß das Pack-a-Way nur 60 x 45 cm und passte so auch in jeden größeren Kofferraum.*

> *»Pack-a-Way« nannte Italjet treffend sein Minimofa, das etwa 1978 auch nach Deutschland kam.*

> *Optisch und technisch überarbeitet war das Minimofa mit den 6-Zoll-Rädern als »Pack 2« noch bis 1986 in Deutschland auf dem Markt.*

Die Italjet-Modelle in der Übersicht

Modell	Art	Motor	Leistung PS	Getriebe	Rahmen	Federung v/h	Angebot in D
Italjet Pack-a-Way	Mofa	Minarelli-Zweitakt	1,2	1-Gang-Aut.	Pressstahl	Telegabel/Schwinge	1978–1983
Italjet Pack 2	Mofa	Minarelli-Zweitakt	1,4	1-Gang-Aut.	Pressstahl	Telegabel/Schwinge	1983–1986

Malaguti

Malaguti war ein weiterer italienischer Hersteller von Motorrädern, Motorrollern und Mofas mit Sitz in San Lazzaro di Savena, außerhalb von Bologna. Die Firma, 1930 von Antonio Malaguti gegründet, stellte Motorroller und Motorräder von 49 bis 500 cm³ her, beschäftigte rund 270 Mitarbeiter, hauptsächlich in der einzigen Produktionsstätte in Castel San Pietro Terme, wo die Modelle entwickelt, produziert und getestet wurden. Für den 50-cm³-Markt entstanden sowohl klassische Mofas als auch sehr sportlich aussehende kleine Motorräder, die sowohl Mofas als auch Mopeds und Mokicks sein konnten. Je nach Bedarf im eigenen Land oder in den Exportländern. Die bekanntesten Mofas hierzulande waren die Ronco-Typen 21 und 25 (1977–1979) und das Olympic V 4 25. Letzteres war auch als Mokick V 4 40 zu haben. Das galt genauso für die Chopper-Modelle CH 25 und CH 40.

Wie für einen Hersteller aus Italien typisch, setzte Malaguti vor allem auf Enduros. Gänzlich untypisch indes die starken Exportbemühungen, die sich Anfang der 80er Jahre auch im Anzeigenteil der Motorrad-Presse in Deutschland bemerkbar machten.

Gesicherte Daten über die Einfuhr von Malaguti-Mofas und -Mopeds liegen dem Autor erst ab 1977 vor, als Detlev Louis aus Hamburg den Malaguti-Import übernommen hatte. Neben dem Ronco waren es das klassische Mofa »Tre Tre« und das Sportmofa »Pilot«, die schon mit einer Dreigang-Handschaltung ausgerüstet waren. Bei den noch sportlicheren Modellen Fifty und V4 25 konnten sogar vier Gänge per Hand geschaltet werden.

In den Folgejahren blieben die Typenbezeichnungen weitestgehend erhalten, die dazugehörigen Maschinen änderten sich aber teilweise enorm. Aus dem »Fifty« wurde ein klassisches, aber immer noch sportliches Mofa, die V 4 nannte sich Olympic V 4 Sport, und die Ronco wurde als Ronco 21 noch »enduristischer« als der Vorgänger. Sie war über Jahre das sportlichste, aber auch teuerste Mofa, das in Deutschland zu haben war. In der Folge wechselten das Programm und die Typenbezeichnungen nahezu jährlich. Einen letzten Höhepunkt setzte die Malaguti Fifty HF wc mit einer echten Wasserkühlung (anders als bei Solo mit einem echten Kühler und Thermosiphonumlauf), Scheibenbremse und Zentralfederbein.

> *Die »Tre Tre« von Malaguti aus dem Jahre 1978 im klassischen Mofalook dieser Zeit, mit Sitzbank, Druckgussfelgen, Edelstahl und Dreigangmotor aber gewiss kein Billigmofa.*

> *Als Mofa oder Mokick war das Enduromodell »Ronco« von Malaguti lieferbar. Vier Gänge waren in dieser Klasse schon ungewöhnlich – wir sind immer noch bei 25 km/h!*

> *Ebenfalls mit vier Gängen und ausgesprochen sportlich ging es beim Modell V4 zu. Hier war sogar das Mofa mit einer Scheibenbremse am Vorderrad ausgerüstet.*

> *Unter die Kategorie der Sportmofas fiel Ende der 70er Jahre die Malaguti »Pilot« mit Dreigang-Handschaltung.*

Am anderen Ende der Preisskala platzierte Malaguti ab 1984 das Mofa »Drop« mit einfacher Ausstattung und Eingang-Automatik als Nachfolger der Firebird-Mofas. Nach einer zunehmenden Ausdünnung des Programms verabschiedete sich Malaguti 1988 vom deutschen Mofamarkt.

> *Die Malaguti Fifty 25 war ab 1980 mit oder ohne Scheibenbremse zu haben.*

> »Chopper 25« nannte Malaguti ein neues Viergang-Sportmofa (hier in der Mokickversion), das 1981 auf den deutschen Markt kam.

> Vollausstattung: Wasserkühlung, Scheibenbremse, Zentralfederbein und Dreigangschaltung – die Malaguti Fifty HF wc setzte Maßstäbe im Mofabau.

> Nach 1984 konzentrierte sich Malaguti wieder auf seine Mofas und brachte mit der »Ronco RXC« frischen Wind in die Szene. (Bild: Archiv André Paepenmöller)

> *Ausschnitt aus dem Malaguti-Mofaprogramm von 1982. (Bild: Archiv André Paepenmöller)*

Die Malaguti-Modelle in der Übersicht

Modell	Art	Motor	Leistung PS	Getriebe	Rahmen	Federung v/h	Angebot in D
Malaguti Tre Tre	Mofa	Franco-Morini-Zweitakt	1,4	3-Gang	Pressstahl	Telegabel/Schwinge	1977–1981
Malaguti Pilot	Mofa	Franco-Morini-Zweitakt	1,4	3-Gang	Pressstahl	Telegabel/Schwinge	1977–1980
Malaguti Fifty	Sportmofa	Franco-Morini-Zweitakt	1,4	4-Gang	Rohrrahmen	Telegabel/Schwinge	1978–1980
Malaguti V4 25	Sportmofa	Franco-Morini-Zweitakt	1,4	4-Gang	Rohrrahmen	Telegabel/Schwinge	1978–1980
Malaguti Ronco	Enduromofa	Franco-Morini-Zweitakt	1,4	4-Gang	Rohrrahmen	Telegabel/Schwinge	1977–1980
Olympique V 4	Sportmofa	Franco-Morini-Zweitakt	1,4	4-Gang	Rohrrahmen	Telegabel/Schwinge	1980–1982
Ronco 21	Enduromofa	Franco-Morini-Zweitakt	1,4	4-Gang	Rohrrahmen	Telegabel/Schwinge	1980–1982
Malaguti Fifty e	Sportmofa	Franco-Morini-Zweitakt	1,4	4-Gang	Rohrrahmen	Telegabel/Schwinge	1980–1982
Malaguti Fifty HF	Sportmofa	Franco-Morini-Zweitakt	1,4	4-Gang	Rohrrahmen	Telegabel/Schwinge	1980–1985
Firebird	Mofa	Franco-Morini-Zweitakt	1,4	3-Gang	Rohrrahmen	Telegabel/Schwinge	1980–1983
Firebird	Mofa	Franco-Morini-Zweitakt	1,4	1-Gang-Aut.	Rohrrahmen	Telegabel/Schwinge	1980–1983
Chopper 25	Mofa	Franco-Morini-Zweitakt	1,4	4-Gang	Rohrrahmen	Telegabel/Schwinge	1981–1985
Fifty Top 25	Sportmofa	Franco-Morini-Zweitakt	1,4	3-Gang	Rohrrahmen	Telegabel/Schwinge	1982–1983
Ronco 25 STD	Enduromofa	Franco-Morini-Zweitakt	1,4	4-Gang	Rohrrahmen	Telegabel/Schwinge	1982–1983
Ronco 25 STD black special	Enduromofa	Franco-Morini-Zweitakt	1,4	3-Gang	Rohrrahmen	Telegabel/Schwinge	1982–1983
Ronco 25 de luxe	Enduromofa	Franco-Morini-Zweitakt	1,4	4-Gang	Rohrrahmen	Telegabel/Schwinge	1982–1985
Malaguti Fifty HF wc	Sportmofa	Franco-Morini-Zweitakt	1,4	3-Gang	Rohrrahmen	Telegabel/Zentralfed.	1983–1985
Ronco RCX	Enduromofa	Franco-Morini-Zweitakt	1,4	3-Gang	Rohrrahmen	Telegabel/Schwinge	1983–1986
Ronco RCX wc	Enduromofa	Franco-Morini-Zweitakt	1,4	3-Gang	Rohrrahmen	Telegabel/Schwinge	1983–1985
Ronco Sahib	Enduromofa	Franco-Morini-Zweitakt	1,4	3-Gang	Rohrrahmen	Telegabel/Schwinge	1984–1985
Malaguti Drop 25	Mofa	Franco-Morini-Zweitakt	1,4	1-Gang-Aut.	Rohrrahmen	Telegabel/Schwinge	1984–1986
Malaguti Fifty HF Full	Sportmofa	Franco-Morini-Zweitakt	1,4	3-Gang	Rohrrahmen	Telegabel/Zentralfed.	1984–1988
Ronco MGX 425	Enduromofa	Franco-Morini-Zweitakt	1,4	4-Gang	Rohrrahmen	Telegabel/Zentralfed.	1985–1988

Malanca

Mario Malanca gründete 1956 die Firma Malanca in Bologna. Das erste in eigener Produktion hergestellte Modell war ein Moped. Einige 50-cm³-Modelle mit Zweitaktmotoren, wie die Testa Rossa von 1970, folgten.

Seit 1968 entwickelte Malanca Rennmotrorräder, unter anderem 1972 eine Zweizylindermaschine mit 125 cm³ und 36 PS sowie eine 50er-Version mit 16 PS. Zunächst nur in der italienischen Meisterschaft startend, war Otello Buscherini mit diesen Maschinen bald auch international erfolgreich. Nach zwei dritten Plätzen bei den 50ern in der Motorrad-WM 1972, zwei Siegen in der Saison 1973 in der Klasse bis 125 cm³ und zwei zweiten Plätzen 1974, ebenfalls in der 125er-Klasse, war die Marke Malanca ein Begriff in der internationalen Motorradszene geworden.

Mofas bot die Marke im deutschsprachigen Raum vermutlich seit Ende der 70er Jahre an. Genaue Belege lassen sich dafür bis auf einfach gehaltene deutschsprachige Prospekte nicht finden.

Offiziell fiel als erstes Modell der italienischen Marke in Deutschland die »Duepiù« mit Einzelsitzbank, Triebsatzschwinge und Tankrohrrahmen 1981 auf. Druckgussfelgen waren zu dieser Zeit selbstverständlich. Die Maschine gab es in zwei Ausführungen, die sich in der Ausstattung und unter anderem der Telegabel unterschieden. Mit gleichem Rahmen, aber Fahrradsitz und normaler Schwinge war das Modell »Big« als Mofaeinstieg von Malanca vorgesehen. 1984 nahm Malanca die Mofas ohne Nachfolge vom Markt.

1978 hatte der Sohn Marco Malanca das Unternehmen unter großem Konkurrenzdruck übernommen, konnte seine Schließung im Jahre 1986 aber nicht verhindern.

> *Auch das Malanca-Mofa »Big« kam nach Deutschland. Es war das Einstiegsmodell mit Speichenrädern. (Bild: Archiv André Paepenmöller)*

> *»Duepiù ELLE P« hieß die üppiger ausgestattete und damit auch teurere Mofaversion von Malanca. (Bild: Archiv André Paepenmöller)*

> *Die »Duepiù L«, unter anderem mit Triebwerkschwinge und Kurztelegabel, war 1981 das erste sichtbare Mofa von Malanca auf dem deutschen Markt. (Bild: Archiv André Paepenmöller)*

Die Malanca-Modelle in der Übersicht

Modell	Art	Motor	Leistung PS	Getriebe	Rahmen	Federung v/h	Angebot in D
Malanca Duepiù L	Mofa	Malanca-Zweitakt	1,5	1-Gang-Aut.	Rohrrahmen	Telegabel/Schwinge	k. A.
Duepiù ELLE P	Mofa	Malanca-Zweitakt	1,5	1-Gang-Aut.	Rohrrahmen	Telegabel/Schwinge	k. A.
Malanca Big	Mofa	Malanca-Zweitakt	1,5	1-Gang-Aut.	Rohrrahmen	Telegabel/Schwinge	k. A.

Morini

Moto Morini, der von Alfonso Morini 1937 in Bologna gegründete italienische Motorradhersteller, brachte mit der Corsarino 1963 ein 48-cm^3-Viertakt-Moped auf den Markt. Sie war eigenständig neu entwickelt und wurde bis 1976 in etlichen Varianten angeboten, unter anderem auch mit 60 cm^3 Hubraum. Die Maschinen wurden in unterschiedlichen Ausführungen sowohl für den Inlandsmarkt als auch für verschiedene Exportmärkte gebaut. Dorthin wurden die Corsarino Mitte der 70er Jahre mit 4,5 PS geliefert, während der Motor in Italien auf 1,5 PS gedrosselt war. Einzig die Mopeds und Mofas der Dollario-Reihe waren bei Morini mit einem Zweitaktmotor bestückt. Genaue Daten zum Import dieser Maschinen nach Deutschland konnten nicht ermittelt werden. Hier war die Firma Ital Motos in Neustadt am Rübenberge für den Morini-Import zuständig.

> *Die Dollario-Modelle von Moto Morini wurden als Moped oder Mofa mit Zweitaktmotor und verschiedenen Getrieben angeboten.*

Moto BM

Das Unternehmen Bonvicini Marino wurde 1952 von Mario Bonvicini in Rastignano Pianoro bei Bologna gegründet.

Bonvicini (1903–1986) war in den Jahren 1926 bis 1930 ein erfolgreicher Motorradrennfahrer mit zahlreichen nationalen Titeln.

Die ersten von ihm produzierten Motorräder hatten noch Motoren von ILO aus dem deutschen Pinneberg. Von 1953 bis 1955 baute das Unternehmen ein 75-cm³-Lusso-Modell mit Viertaktmotor und Vierganggetriebe sowie ein 100-cm³-Viertaktmotorrad, das von einem NSU-Fox-Motor angetrieben wurde. 1956 kamen 48-cm³-Mopeds in verschiedenen Ausführungen sowie Roller und Motorräder bis 150 cm³ dazu.

In den 70er Jahren produzierte Moto BM eine Fülle verschiedener Mofas und Mopeds, vornehmlich für die Inlandskundschaft. Dazu gehörten die Modelle Zebretta, Dai Dai, Jaguarino Tourismo, Sports, Cross und Cross Special. Außerdem die Minimofas Velocino mit 10-Zoll-Rädern, die Gambalesta und die Wally. Als Antrieb dienten meistens Motoren von Franco-Morini. Lediglich das Amico-Moped hatte einen Minarelli-Motor.

In den früher 80er Jahren war die Produktion auf wenige Modelle beschränkt worden, die alle von 50-cm³-Motoren von Franco-Morini angetrieben wurden. In Deutschland wurden die Fahrzeuge unter den Markennamen Tornax und Kosmos vertrieben.

1988 endete die Fahrzeugproduktion bei Moto BM eigentlich. Kosmos bot aber noch viele weitere Jahre die Maschinen mit italienischen Komponenten an.

> *Tornado M 1 oder City Mofa M 1 – beide Male handelte es sich um das von Moto BM für Tornax gebaute 10-Zoll-Mofa.*

Tornax

Die Tornax Zweiradwerk GmbH aus Frankfurt (später Kronberg), die 1982 ihre Geschäfte aufnahm, hatte mit der alten deutschen Motorradschmiede Tornax nicht das Geringste zu tun. Hinter dem guten Namen verbargen sich zwei 80er-Leichtkrafträder mit Motoren von

> *Das 83er-Programm der neuen Tornax-Firma mit drei Mofas in der unteren Reihe.*

Moto Morini, die in Italien von der Firma Moto BM zusammengebaut wurden. Daneben gab es, zeitweise als »Tornado« angeboten, auch ein kleines Mofa mit Minarelli-Motor - das Minimofa M 1. Ein Zweirad in klassischer Bauweise mit einem unter dem Rahmen verbauten Zweitaktmotor mit einem liegenden, luftgekühlten Zylinder. Das Mofa konnte durch die kleinen Räder, den hohen Lenker und die Sattelstütze nach wenigen Handgriffen kompakt transportiert werden und passte so auch in viele der damals üblichen Kofferräume von Pkws. 1988 wurden die letzten - teilweise noch von 1986 stammenden - Restbestände an Tornax-Maschinen verkauft.

Die Moto-BM-Tornax-Modelle in der Übersicht

Modell	Art	Motor	Leistung PS	Getriebe	Rahmen	Federung v/h	Angebot in D
Tornax M 1	Mofa	Franco-Morini-Zweitakt	1,4	1-Gang-Aut.	Rohrrahmen	Telegabel/Schwinge	1983-1986
Tornax TS 25	Mofa	Franco-Morini-Zweitakt	1,4	3-Gang-Hand	Rohrrahmen	Telegabel/Schwinge	1983-1986
Tornax RX 25	Mofa	Franco-Morini-Zweitakt	1,4	3-Gang-Hand	Rohrrahmen	Telegabel/Schwinge	1983-1986

Kosmos

Seit den frühen 80er Jahren bot die Firma Euroimport Schlich in Mayen (in der Nähe des Nürburgrings) aus überwiegend italienischen Komponenten selbst zusammengebaute Enduro- und Moto-Cross-Motorräder unter dem Markennamen »Kosmos« an und brachte damit regelmäßig selbst hartgesottene Motorrad-Journalisten ins Grübeln. Denn leibhaftig gesehen hatten die meisten so eine Maschine noch nie. Und dennoch sprach Firmeninhaber Schlich von einer Serienproduktion - ohne freilich Stückzahlen zu benennen. Es handelte sich um die Weiterführung der zuvor im italienischen Liscate unter dem gleichen Namen gebauten Enduros.

Bei Mofas und Mopeds war das anders. Diese wurden komplett von Moto BM gebaut und unter dem Markennamen Kosmos mit verwirrenden Typenbezeichnungen in Deutschland vertrieben. Wie bei Tornax begann auch hier der Vertrieb 1982/83. Bei Kosmos waren jedoch alle Mofas auf Sport getrimmt, genauer gesagt auf Endurosport. Und trotz Geschwindigkeitsbegrenzung auf 25 km/h durften es gerne auch mal sechs Getriebegänge sein, was daher kam, dass man die Mofas mit einfachen Mitteln von den Mokicks und Leichtkrafträdern ableitete. Klassische Mofas kamen erst 1985 mit den Modellen MO 2 und MO 3 Ins Kosmos-Programm.

Zuletzt bot Kosmos gerade noch zwei Mofatypen an - die dafür aber immerhin bis jenseits der Jahrtausendwende. Tatsächlich gesehen hat die aber wohl kaum jemand.

> Das bis über das Jahr 2000 hinaus angebotene Dreigang-Enduromofa KSR 50 MO 3 E Enduro von Kosmos.

Die Moto-BM-Kosmos-Modelle in der Übersicht

Modell	Art	Motor	Leistung PS	Getriebe	Rahmen	Federung v/h	Angebot in D
Kosmos KSR 50 M	Mofa	Franco-Morini-Zweitakt	1,5	4-Gang	Rohrrahmen	Telegabel/Schwinge	1982-1983
Kosmos KSR 50 MO	Mofa	Franco-Morini-Zweitakt	2	6-Gang	Rohrrahmen	Telegabel/Schwinge	1983-1984
Kosmos KSR 50 MOS	Mofa	Franco-Morini-Zweitakt	2,5	6-Gang	Rohrrahmen	Telegabel/Schwinge	1984-1992
Kosmos KSR 50 MO 2	Mofa	Franco-Morini-Zweitakt	2	2-Gang	Rohrrahmen	Telegabel/Schwinge	1985 bis nach 2000
Kosmos KSR 50 MO 3	Mofa	Franco-Morini-Zweitakt	2	3-Gang	Rohrrahmen	Telegabel/Schwinge	1985-1991
KSR 50 MO 3 E Enduro	Mofa	Franco-Morini-Zweitakt	2,5	3-Gang	Rohrrahmen	Telegabel/Schwinge	1992 bis nach 2000

Motograziella

Die Motograziella wurde von 1968 bis 1979 von Teodoro Carnielli & Co. in Vittorio Veneto/Italien gebaut. Co war hier der Radrennfahrer Ottavio Bottecchia. Gemeinsam begannen die beiden 1926 mit der Herstellung von Fahrrädern, die unter dem Namen »Bottecchia« vertrieben wurden und bis heute – vor allem in Sportkreisen – sehr bekannt sind. Im Jahr 1951 baute Guido Carnielli, ein Sohn des Mitgründers, ein Rad, das nicht umfallen konnte, um gehbehinderten Menschen die Rehabilitation zu erleichtern. Er brachte es unter der Bezeichnung »Cyclette« auf den Markt und schuf damit unbewusst die Basis für das später bekannteste Motorfahrzeug der Firma, die Motograziella.

In Deutschland wurde das Fahrzeug von der Kölner Firma Gold-Rad als Mofa oder Moped in verschiedenen Ausstattungsvarianten vertrieben. Die Motograziella wurde vom legendären Sachs-502-Motor angetrieben, der tausendfach unter anderem von Hercules und der Zweirad Union (DKW) eingesetzt wurde.

Bis 1971 gab es die Motgraziella nur ohne Hinterradfederung und in der Farbe Azurblau. Ab 1971 wurde sie mit einer Schwinge für das Hinterrad ausgerüstet und die Farbpalette um Alfarot und Sedangrün erweitert.

Heute ist dieses eigentümliche Minimofa ein gesuchtes Kultobjekt.

> *Das wohl skurrilste Modell unter den Minibikes der 70er Jahre: Die Motograziella, wie sie von der Kölner Firma Gold-Rad in Deutschland vertrieben wurde.*

> *Frühe italienische Werbung für die Motograziella von 1969, eine Hinterradfederung gab es zu dieser Zeit noch nicht.*

Die Motograziella-Modelle in der Übersicht

Modell	Art	Motor	Leistung PS	Getriebe	Rahmen	Federung v/h	Angebot in D
Motograziella 25	Mofa	Sachs-Zweitakt	1,5	1-Gang-Aut.	Rohrrahmen	Schwinge/keine	1968–1972
Motograziella 40	Moped	Sachs-Zweitakt	1,8	2-Gang-Hand	Rohrrahmen	Schwinge/keine	1968–1971
Motograziella 40	Moped	Sachs-Zweitakt	1,8	2-Gang-Hand	Rohrrahmen	Schwinge/Schwinge	1971–1972
Motograziella 25	Mofa	Sachs-Zweitakt	1,5	1-Gang-Aut.	Rohrrahmen	Schwinge/Schwinge	1971–1979
Motograziella 40	Moped	Sachs-Zweitakt	1,8	1-Gang-Aut.	Rohrrahmen	Schwinge/Schwinge	1972–1979

Moto Guzzi

Die Ursprünge von Moto Guzzi gehen auf drei motorradbegeisterte junge Männer zurück, die sich im Ersten Weltkrieg bei der italienischen Luftwaffe kennenlernten: Carlo Guzzi, Giorgio Parodi und Giovanni Ravelli. Letzterer war Pilot, und nach dessen Tod 1918 wandten sich Guzzi und Parodi der Konstruktion eines Motorrades zu, das als Markenzeichen ein Adler schmücken sollte – im Gedenken an den gefallenen Freund. Für die Benennung ihrer Firma einigte man sich auf »Moto Guzzi«. 1921 begann die Serienfertigung mit 17 Angestellten auf einer Fläche von 300 m². Die Firma expandierte ständig und wurde in den 1930er Jahren zu einem der wichtigsten Motorradhersteller weltweit, nicht zuletzt dank großer Erfolge im Rennsport.

In der Nachkriegszeit wuchs das Werk weiter, und in den 50er Jahren war Moto Guzzi mit Straßenrenn- und Geländesportmaschinen in allen Klassen vertreten und erfolgreich.

In den 60er Jahren geriet Moto Guzzi, wie so viele andere Hersteller auch, in eine schwere Krise. 1972 wurde die Firma dann dem De-Tomaso-Konzern angegliedert. Da war die Marke mit den V7-Derivaten schon zu alter Stärke zurückgekehrt, die den Auftakt zu einer großen Modellfamilie bildeten – alle mit quer verbautem V2-Motor versehen.

Aber neben den großen Maschinen baute Moto Guzzi schon seit den 1950er Jahren auch Mopeds. Der Versuch, diese Maschinen auch nach Deutschland zu exportieren, scheiterte noch am wenig liberali-

> *Unter der Bezeichnung »Trotter« bot Moto Guzzi ab 1968 mehrere Mofas und Mopeds mit verschiedenen Motor- und Getriebe-Kombinationen an. Im Bild das Basismodell Trotter 25.*

sierten europäischen Markt, aber vor allem an der übermächtigen deutschen Konkurrenz. Ende der 1960er Jahre begann sich das zu ändern. Am 1. Februar 1967 wurde unter dem Namen SEIMM (Societá Esercicio Industrie Moto Meccaniche) in Mandello del Lario eine neue Gesellschaft gegründet, die die neuen Mofas und Kleinmotorräder vermarktete. Die Mofa/Moped-Reihe »Trotter« und die ZIP-50-Modelle konnten in nennenswerten Stückzahlen – jetzt auch in Deutschland – abgesetzt werden. Unter der Mithilfe des Kaufhauses Hertie und dem Demm-Delta-Vertrieb in Bergneustadt. Nach 1975 tauchten aber schon keine Guzzi-Mofas mehr in deutschen Katalogen auf.

> *Und auch Moto Guzzi sah sich genötigt, mit dem Modell ZIP 50 ein Minibike anzubieten.*

> *»Super« oder »Super 25« war die deutsche Bezeichnung für das Trotter-Modell mit Hinterradschwinge.*

> *In der Mopedausführung blieb die Trotter 40 ohne Hinterradfederung.*

Die Moto-Guzzi-Modelle in der Übersicht							
Modell	**Art**	**Motor**	**Leistung PS**	**Getriebe**	**Rahmen**	**Federung v/h**	**Angebot in D**
Trotter 25	Mofa	Zweitakt	0,6	1-Gang-Aut.	Pressstahl	Schwinge/keine	1968–1975
Euro-Trotter 40	Moped	Zweitakt	1,3	1-Gang-Aut.	Rohrrahmen	Schwinge/keine	1968–1975
Moto Guzzi Super	Mofa	Zweitakt	1	1-Gang-Aut.	Pressstahl	Schwinge/Schwinge	1972–1975
Moto Guzzi Zip 50	Mofa	Zweitakt	k. A.	2-Gang-Hand	Rohrrahmen	Telegabel/keine	1968–1970

Motom

Motom wurde 1945 in Mailand von der Familie De Angeli-Frua mit der Absicht gegründet, dringend benötigte, einfache Zweirad-Kraftfahrzeuge herzustellen, für die nach dem Zweiten Weltkrieg eine große Nachfrage bestand. Federführend war Battista Falchetto, die zuvor rechte Hand von Vincenzo Lancia. Dank seiner Erfahrung entwarf Falchetto einen sehr robusten Rahmen aus gepresstem Blech, in den er einen Einzylinder-Viertaktmotor setzte.

»Motomic« nannte sich das erste Modell, ein 48-cm³-Maschinchen mit 1,4 PS, das 1947 auf dem Genfer Autosalon vorgestellt wurde. Das auffälligste Merkmal – neben dem Viertaktmotor –, das sich von allen ähnlichen Produkten unterschied, war der Monocoque-Rahmen, der aus zwei miteinander verschweißten Schalen aus gepresstem Blech bestand. Eine Rahmenbautechnik, die bis hoch in die 1960er Jahre Bestand hatte. Die Motomic wurde fast 20 Jahre lang in über einer halben Million Exemplaren hergestellt.

Der Auslandskundschaft war ein Viertaktmotor in einem Moped allerdings suspekt, und so versuchte Motom Mitte der 1960er Jahre mit einer Neukonstruktion am boomenden europäischen Moped- und Mofamarkt teilzuhaben. Die Mailänder hielten mit dem Modell »Nova« am Monocoque-Rahmen fest, der in einer Telegabel und einer Hinterradschwinge federte. Angetrieben wurde das Fahrzeug jetzt aber von einem liegenden Zweitaktmotor, der 1,4 PS leistete. Wahlweise war aber auch eine automatische Kupplung oder eine Dreigang-Handschaltung erhältlich. 1966 gab Motom zwei Prospekte in deutscher Sprache heraus – inwieweit es zu einem Export nach Deutschland kam, konnte jedoch nicht ermittelt werden. 1970 wurde der Zeitschrift *Motorrad* ein Foto eines Einfachstmofas ohne Federung zugespielt, vermutlich der letzte Versuch, bevor Motom im selben Jahr die Fertigung einstellte.

> 1966 lancierte Motom zwei deutschsprachige Prospekte für das neuentwickelte Modell »Nova« mit Zweitaktmotor.

> Das zu seiner Zeit äußerst moderne Moped war mit Eingang-Automatik oder Dreigang-Handschaltung zu haben. Über den Import nach Deutschland kann nur spekuliert werden.

> Der letzte Versuch? Ein sehr einfaches Mofa von Motom, vermutlich aus dem Jahr 1969.

Peripoli

Die Meccaniche F.lli Peripoli, besser bekannt unter der Marke »Giulietta«, war 1957 gegründet worden und hatte ihren Sitz in Montecchio Maggiore. Zunächst begann man Motorräder mit Demm-Motoren zu bauen, ehe ab 1960 eine breite Palette Mopeds und Leichtmotorräder mit Zweitaktmotoren das Programm bestimmte.

Die kleinen Fahrzeuge wurden mit dem Markennamen »Giulietta« versehen, nicht zuletzt, weil Alfa Romeo mit der Giulietta große Erfolge eingefahren hatte.

Nach 1965 wurde das Unternehmen zum siebtgrößten Motorradhersteller Italiens, vor Bianchi und Gilera. Unter den verschiedenen Modellen stach die Giulietta Minimoto America hervor, ein 40-km/h-Moped mit Vierganggetriebe. Weitere Modelle bis in die 80er Jahre hinein hießen »Nevada« oder »Day«. Alle diese Maschinen wurden von 49-cm³-Zweitaktern von Franco-Morini angetrieben.

In Deutschland waren es die Warenhaus-Konzerne Hertie und Karstadt, die ab 1968 einer Peripoli Giulietta ein kurzes Gastspiel bis 1971 gewährten. Mit der Bezeichnung »Picobello« bot man ein Billigstmofa an, mit ungefedertem Rohrrahmen und Franco-Morini-Zweitakter mit Eingang-Automatik und 0,8 PS.

> *Wurde Ende der 1960er Jahre von Hertie und Karstadt angeboten: Die Peripoli Giulietta Picobello.*

SWM

SWM (Speedy Working Motors) wurde ursprünglich von Piero Sironi und Fausto Vergani in Mailand gegründet und existierte von 1971 bis 1985. Sportliche Erfolge konnte das Unternehmen vor allem im Motocross und im Endurosport erringen. SWM verbaute anfangs 6-Gang-Motoren von Sachs, später wechselte man zu Rotax als Motorenlieferant. Die luftgekühlten Zweitakter verfügten über eine Schiebereinlass-Steuerung. In den 1970er Jahren gewann SWM in der Enduro-Europameisterschaft sechs Titel. Bei der Internationalen Sechstagefahrt 1975 gewann ein mit SWM-Motorrädern ausgestattetes Team die Silbervase.

50er und vor allem Mofas waren stets nur Ergänzungsmodelle der SWM-Palette. In Deutschland wurde 1975 mit dem Modell VP 16/25 das erste Mofa angeboten. Importeur war die Firma Steinbichler KG im bayrischen Neufahrn. Danach kamen einige Mini- und City-Bikes nach Deutschland, ehe das Modell VPM 1/N die 80er Jahre hindurch das einzige Mofa von SWM hierzulande blieb.

> *VP 16/25 hieß das erste, 1975 in Deutschland angebotene Mofa der italienischen Firma SWM.*

> Auch SWM ließ es sich nicht nehmen, auf der ganzen Klaviatur der verschiedenen Mofatypen zu spielen. So gab es das Minibike VKS mit 12-Zoll-Rädern ebenso …*

> … wie ein City-Bike mit der Bezeichnung VPS.*

> Zuletzt bot SWM in Deutschland nur noch ein klassisches Mofa mit der hiesigen Bezeichnung VPM 1/N an. In Italien lief das Modell mit der Bezeichnung »LA«.*

Die SWM-Modelle in der Übersicht

Modell	Art	Motor	Leistung PS	Getriebe	Rahmen	Federung v/h	Angebot in D
SWM VP 16/25	Mofa	SWM-Zweitakt	1	1-Gang-Aut.	Pressstahl	Telegabel/Schwinge	1975–1977
SWM VKS	Mofa	SWM-Zweitakt	k. A.	k. A.	Rohrrahmen	Telegabel/Schwinge	1977–1980
SWM VPS	Mofa	SWM-Zweitakt	k. A.	k. A.	Rohrrahmen	Telegabel/Schwinge	1977–1980
SWM VPM 1/N	Mofa	SWM-Zweitakt	1,4	1-Gang-Aut.	Pressstahl	Telegabel/Schwinge	1981–1986

Testi

Erio Testi (1933–2008), der Sohn von Umberto Testi, dem Gründer des gleichnamigen Radsportunternehmens, half bei seinem Vater in der Werkstatt und machte sich so früh mit der Zweiradmechanik vertraut. 1953 nahm er eine Stellung bei einem österreichischen Vertreter von Fichtel & Sachs an, um die kleinen Zweitaktmotoren mit 50 cm³ Hubraum kennenzulernen, die gerade begannen, in Mopeds, Mokicks und Kleinkrafträdern die Welt zu erobern. Nach seiner Rückkehr nach Italien trug er mit seinem erworbenen Wissen zur Gründung des Kleinmotoren-Herstellers Motori Minarelli bei.

Erio Testi übernahm 1958 die Leitung des Familienunternehmens Motocicli Testi in San Lazzaro di Savena, in der Nähe von Bologna, von seinem Vater und begann, hochwertig verarbeitete und leistungsstarke Fünfziger mit eben diesen Minarelli-Motoren zu bauen.

Mit diesem Programm gelang es Testi, ein bemerkenswertes Produktionsniveau zu erreichen, das in den besten Zeiten 30.000 Einheiten pro Jahr erreichte, von denen die meisten für den Export in die USA bestimmt waren oder von der Tochtergesellschaft Gitane-Testi direkt in Frankreich gebaut wurden.

Nach Deutschland führte zunächst die Stuttgarter Firma Dorga Motorräder ab 1973 die »Testi Kricket 25« ein, ein schönes Stadtmofa mit Tank-Rohrrahmen und viel Chrom. Das 12-Zoll-Minimofa »Pull 25« bot Dorga parallel an, es tauchte 1975 aber auch im Neckermann-Katalog auf. Die genauen Daten für die Einfuhr nach Deutschland konnten nicht ermittelt werden. Nach 1975 war kein Testi-Mofa mehr in deutschen Katalogen zu finden.

Der Versuch, ab 1984 eine große Zweiradproduktion in China aufzuziehen, scheiterte kläglich, und infolge der damit eingefahrenen finanziellen Verluste musste Testi in Italien Konkurs anmelden.

> Auch Testi bot mit der »Pull 25« ein Minimofa an, als Pull 40 (Bild) gab es die kleine Maschine sogar als Mokick.*

> 1973 kam mit der »Cricket« das erste Testi-Mofa nach Deutschland.*

Die Testi-Modelle in der Übersicht							
Modell	**Art**	**Motor**	**Leistung PS**	**Getriebe**	**Rahmen**	**Federung v/h**	**Angebot in D**
Testi Cricket	Mofa	Minarelli-Zweitakt	0,63	1-Gang-Aut.	Rohrrahmen	Telegabel/Schwinge	1973–1975
Testi Pull 25	Mofa	Minarelli-Zweitakt	1	1-Gang-Aut.	Rohrrahmen	Telegabel/Schwinge	1973–1975

Vespa

Die italienische Firma Piaggio ist seit Jahrzehnten für ihre Motorroller bekannt, die unter dem Markennamen »Vespa« vertrieben werden. Die ebenfalls unter dieser Marke produzierten Mofas und Mopeds blieben stets im Schatten der Roller und tauchen in diversen Vespa-Publikationen gar nicht erst auf. Dabei waren die Vespa-Mofas durchaus sehr solide und konnten sich speziell in den 70er und 80er Jahren ihre Marktanteile sichern.

Drei Typenreihen bot Piaggio hier zunächst an. Am bekanntesten waren zweifellos die »Ciao«-Modelle, die sowohl als Mofa als auch als Moped angeboten wurden und in erster Linie die ältere Kundschaft ansprechen sollten. Also die Mutti, die nicht mehr mit dem Fahrrad zum Einkaufen fahren musste, und den Papa, der mit dem Mofa zum Angeln fuhr.

Die gleiche Kundschaft sprachen die »Boxer«-Modelle an, die mit einem vom Steuerkopf bis zum hinteren Schutzblechende reichenden Blechpressrahmen und der aus dem Rollerbau kommenden Triebsatzschwinge aus dem üblichen Mofaschema ausscherten. Auch die Boxer-Modelle waren als Moped oder Mofa erhältlich, ebenso wie die auf das junge Publikum zugeschnittenen »Bravo«-Typen, die sportlich und modern gezeichneten Schwestern der Ciao-Baureihe.

Später kam noch die Si-Baureihe hinzu, die für höchsten Komfort und beste Ausstattung stand.

Der Piaggio-Konzern hatte es mit seinen Vespas einfacher, auf den deutschen Markt zu gelangen, als die übrige italienische Konkurrenz. Denn die Vespa-Motorroller hatten eine lange Tradition in Deutschland. Zu Beginn der 1950er Jahre hatte nämlich die Firma Hoffmann in Lintdorf begonnen, Vespa-Roller in Lizenz zu fertigen. Nachdem Hoffmann wegen diverser Eigenmächtigkeiten die Kündigung von Piaggio erhalten hatte, wechselte die Roller-Lizenzfertigung 1955 zum Flugzeugbauer Messerschmidt in dessen Zweigwerk nach Augsburg. Einige Jahre später entstand hieraus die Vespa GmbH Augsburg. Bis 1963 wurden hier die überwiegend aus Italien angelieferten Einzelteile zu fertigen Motorrollern montiert. Danach fungierte die bayrische Firma weiterhin als Importeur für Piaggio, und das bedeutete, dass das ab 1967 produzierte Mofa »Ciao« neben den Rollern unmittelbar (1968) nach Deutschland kam.

1968–1975

Begonnen hatte alles mit den Modellen »Ciao A« (Standard) mit verchromten 19-Zoll-Felgen und ungefedertem Vorderrad und »Ciao L« (Lusso) mit 17-Zoll-Rädern, geschobener Kurzschwinge und kurzen,

> Das Mofa »Ciao« war eine völlige Neukonstruktion und ergänzte ab 1967/68 das Vespa-Rollerprogramm.

> Ab 1970 kamen die Boxer-Modelle mit Triebsatzschwinge ins Mofaprogramm von Piaggio.

auf Druck belasteten Schraubenfedern. Eine Hinterradfederung hatten beide Modelle nicht.
Parallel zu den Mofas bot Piaggio die Vespa-Mopeds Ciao L (wie Mofa, aber stärkerer Motor) und V mit vollautomatischer Kupplung entsprechend den Vespa-Rollern an.
1970 begann die Montage der Boxer-Modelle als Mofa mit Eingang-Automatik oder Moped mit vollautomatischer Kupplung. Interessant war bei beiden Modellen die Cantilever-Federung des Hinterrades über eine Triebsatzschwinge. Während das Moped immer eine kurze Telegabel aufwies, wurde das Mofa anfangs mit der Kurzschwinge der Ciao geliefert, ab 1972 dann ebenfalls mit der Telegabel. Auch änderte sich der Raddurchmesser von anfangs 18 Zoll auf jetzt 17 Zoll.
1972 kam die dritte Mofabaureihe von Piaggio ins Spiel. Die Bravo-Typen waren preislich noch unterhalb der Ciao-Typen angesiedelt und stachen optisch mit der bis vor den Lenkkopf gezogenen Telegabel und dem im Heckbereich eigenwillig geschwungenen Rohrrahmen heraus. Je nach Ausstattung waren die Bravos wieder mit den Zusatzbezeichnungen A, L und V gekennzeichnet. Eine Mopedversion gab es von der Bravo vorerst nicht.
Mit den Typen »Ciao SC« (Super Comfort) und VSC, unter anderem mit vollautomatischem Getriebe und Edelstahlschutzblechen, kamen 1973 und 1974 zwei weitere Ciao-Modelle ins Programm.
Ab Mitte der 70er Jahre hielt Piaggio mit der Boxer T nur noch eine Mopedversion aufrecht.

> *Die Bravo-Mofas mit jugendlichem Pepp kamen ab 1973 ins Vespa-Programm.*

> *Höhepunkt der Mofaentwicklung bei Piaggio waren die ab 1978 produzierten SI-Modelle.*

> Die Vespa Ciao A ohne Federung war ab 1968 das Einstiegsmodell bei den Piaggio-Mofas.

> Die Ciao L wartete mit einer Kurzschwinge zur Vorderradführung auf. Alle Ciao-Modelle waren von klaren Pressstahl-Konturen geprägt.

> *Die Vespa Ciao V, das Moped mit vollautomatischem Getriebe.*

> *Ab 1970 ergänzte die Boxer-Reihe das Vespa-Programm. Fürs Mofa reichte die Einpersonen-Sitzbank, die Telegabel gab es erst ab 1972.*

> *Auch die Vespa Boxer gab es in der Mopedversion, mit vollautomatischem Getriebe und Zweipersonen-Sitzbank.*

> *Die Vespa Ciao SC mit runder Sattelstütze und Edelstahlschutzblechen gab es in Deutschland ab 1973.*

Die Vespa-Modelle 1968–1975 in der Übersicht

Modell	Art	Motor	Leistung PS	Getriebe	Rahmen	Federung v/h	Angebot in D
Vespa Ciao A	Mofa	Piaggio-Zweitakt	1,1	1-Gang-Aut.	Pressstahl	keine/keine	1968–1975
Vespa Ciao L	Mofa	Piaggio-Zweitakt	1,1	1-Gang-Aut.	Pressstahl	Schwinge/keine	1968–1975
Vespa Ciao Moped L	Moped	Piaggio-Zweitakt	1,5	1-Gang-Aut.	Pressstahl	Schwinge/keine	1968–1974
Vespa Ciao Moped V	Moped	Piaggio-Zweitakt	1,5	vollautom.	Pressstahl	Schwinge/keine	1968–1974
Vespa Boxer	Mofa	Piaggio-Zweitakt	1,2	1-Gang-Aut.	Pressstahl	Schwinge/Schwinge	1970–1972
Vespa Boxer	Moped	Piaggio-Zweitakt	1,5	vollautom.	Pressstahl	Telegabel/Schwinge	1970–1978
Vespa Bravo A	Mofa	Piaggio-Zweitakt	1	1-Gang-Aut.	Rohrrahmen	keine/keine	1973–1975
Vespa Bravo L	Mofa	Piaggio-Zweitakt	1	1-Gang-Aut.	Rohrrahmen	Telegabel/keine	1973–1975
Vespa Bravo V	Mofa	Piaggio-Zweitakt	1	vollautom.	Rohrrahmen	Telegabel/Schwinge	1973–1975
Vespa Boxer N	Mofa	Piaggio-Zweitakt	1,2	1-Gang-Aut.	Pressstahl	Schwinge/Schwinge	1972–1974
Vespa Ciao SC	Mofa	Piaggio-Zweitakt	1,1	1-Gang-Aut.	Pressstahl	Schwinge/keine	1973–1979
Vespa Ciao VSC	Mofa	Piaggio-Zweitakt	1,4	vollautom.	Pressstahl	Schwinge/keine	1974–1975
Vespa Boxer T	Mofa	Piaggio-Zweitakt	1,2	1-Gang-Aut.	Pressstahl	Schwinge/Schwinge	1974–1978

1976–1983

1976 erhöhte Piaggio die Motorleistungen für seine Vespa-Mofas und nahm - sehr moderat - einige Designänderungen vor. Eine Sattel- und Sattelstützenfederung machte die Ciao-Modelle, die weiterhin ohne Hinterradfederung blieben, etwas komfortabler.

1978 feierte die Firma Piaggio ihr hundertjähriges Bestehen. Im gleichen Jahr ersetzte eine neue Mofabaureihe die Boxer-Modelle. Die Vespa Si zeigte einen technisch ähnlichen Aufbau wie der Klassiker Ciao. Die Motoren waren bis auf wenige Kleinteile identisch, die Leistung war um 0,2 PS erhöht worden. Unterschiede fanden sich neben dem beim Si zweiteiligen Rahmen (beim Ciao einteilig) auch bei Bauteilen wie der Lampe, den Seitenschutzblenden oder dem Sattel. Im Gegensatz zur Ciao verfügte das Si über eine vordere Teleskopgabel und eine Hinterradfederung. Hier je nach Ausführung mit zwei konventionellen Stoßdämpfern oder einer Cantileverfederung mit einem zentralen Federelement.

Wie die meisten Mofaproduzenten dünnte auch Piaggio sein Programm nach dem Einbruch der Verkaufszahlen in Deutschland 1980 vorerst aus. Um aber ab 1983 mit - zumindest den Typenbezeichnungen nach - neuen Modellen wieder durchzustarten. Grundsätzlich blieb es bei den drei Basisversionen Ciao, Bravo und Si, die entsprechend ihren verschiedenen Ausstattungen zu neuer Vielfalt führten.

> Die Vespa Bravo SC von 1977. Alle Piaggio-Mofas mit Eingang-Automatik bekamen ab 1976 eine Leistungsspritze auf 1,4 PS verpasst.

> *1978 feierte Piaggio sein hundertjähriges Firmenjubiläum. Ein Werbefoto aus der zu diesem Anlass erstellten Broschüre.*

> Das Ciao-Modell wurde im Laufe der Jahre in minimalen Schritten weiterentwickelt. Während es Ende der 70er Jahre Druckgussfelgen gab, blieb das Hinterrad stets ungefedert.

> Bei der ab 1978/79 in Deutschland eingeführten Vespa SI erhielt das Mofa mit Vierleuchten-Blinkanlage zusätzlich die Bezeichnung BL.

> 1980 gab es erneut kleine Designänderungen bei der Ciao-Modellreihe. Das Rücklicht war jetzt am Gepäckträger befestigt. Weiterhin konnten normale Speichenfelgen …

> … oder Druckgussräder geliefert werden.

Die Vespa-Modelle 1976–1983 in der Übersicht

Modell	Art	Motor	Leistung PS	Getriebe	Rahmen	Federung v/h	Angebot in D
Vespa Ciao L	Mofa	Piaggio-Zweitakt	1,4	1-Gang-Aut.	Pressstahl	Schwinge/keine	1976–1981
Vespa Bravo L	Mofa	Piaggio-Zweitakt	1,4	1-Gang-Aut.	Rohrrahmen	Telegabel/keine	1976–1982
Vespa Bravo SC-2	Mofa	Piaggio-Zweitakt	1,4	1-Gang-Aut.	Rohrrahmen	Telegabel/Schwinge	1976–1982
Vespa Ciao SC	Mofa	Piaggio-Zweitakt	1,4	1-Gang-Aut.	Pressstahl	Schwinge/keine	1976–1982
Vespa Ciao VSC	Moped	Piaggio-Zweitakt	2	vollautom.	Pressstahl	Schwinge/keine	1976–1981
Vespa SI	Mofa	Piaggio-Zweitakt	1,6	1-Gang-Aut.	Pressstahl	Telegabel/Schwinge	1978–1984
Vespa SI BL	Mofa	Piaggio-Zweitakt	1,6	1-Gang-Aut.	Pressstahl	Telegabel/Schwinge	1979–1984
Vespa Ciao VSC I	Moped	Piaggio-Zweitakt	2	vollautom.	Pressstahl	Schwinge/keine	1979–1981
Vespa SI BL	Moped	Piaggio-Zweitakt	2	vollautom.	Pressstahl	Telegabel/Schwinge	1979–1982
Vespa Ciao PXV	Moped	Piaggio-Zweitakt	2	vollautom.	Pressstahl	Schwinge/keine	1981–1986
Vespa Ciao P	Mofa	Piaggio-Zweitakt	1,4	1-Gang-Aut.	Pressstahl	Schwinge/keine	1982–1996
Vespa Ciao PX	Mofa	Piaggio-Zweitakt	1,4	1-Gang-Aut.	Pressstahl	Schwinge/keine	1982–2006
Vespa SI Monte Carlo	Mofa	Piaggio-Zweitakt	1,4	1-Gang-Aut.	Pressstahl	Telegabel/Schwinge	1982–1996

1984–2000

Mitte der 80er Jahre waren es kleine Änderungen an Design und Ausstattung, die zu neuen Typenbezeichnungen führten. Hervorstechend hier für alle Mofamodelle die Ausführungen mit oder ohne Blinkanlage und bei den Bravo-Typen die Frage nach Fahrradsitz oder Einersitzbank.

Neu war die von den Si-Modellen abgeleitete Mopedversion »Monte Carlo« mit Doppelsitzbank. Das Si-Mofa Monte Carlo war ab 1984 wahlweise mit einer elektronischen Zündung zu haben.

1989 kam mit dem Modell »Grillo« noch einmal eine neue Mofabaureihe von Piaggio auf den Markt. Ein einteiliger, breiter Pressstahlrahmen, ähnlich geschwungen wie bei den Bravo-Modellen, die Kurzschwinge der Ciao am Vorderrad und ein Zentralfederbein für das Hinterrad kennzeichneten dieses sehr schlicht und dennoch elegant aussehende Mofa.

Im weiteren Verlauf der 90er Jahre hielten sich die Mofa-Innovationen bei Piaggio in engen Grenzen. Der Rollermarkt explodierte, und die Italiener konzentrierten sich auf das, was sie schon immer am besten konnten. Zum Ende des Jahrzehnts hin fiel ein Mofa nach dem anderen aus dem Programm, und in Deutschland war schließlich fast nur noch die unverwüstliche Ciao, jetzt als »Piaggio Ciao«, im Angebot. Fast, denn tatsächlich führte der Konzern 1995 mit der »Velofax« doch noch ein neues Mofa ein. Getrenntgeschmierter Zweitakter, 17-Zöller vorn, 16-Zöller hinten und ein schon sehr rollerähnlich gezeichnetes Design waren Kennzeichen des letzten Versuchs. Telegabel, Schwinge und eine breite Sitzbank sorgten außerdem für viel Komfort. Die Jahrtausendwende sah dieses Mofa allerdings auch nicht mehr.

> Auch das Bravo-Mofa mit dem markant geschwungenen Rahmen war 1984 noch unverwechselbar.

> Die Vespa Si in der Mopedversion von 1984 mit einer Sitzbank für zwei Personen. Neben der Schwinge mit Federbeinen gab es diese Maschine auch mit Zentralfederbein.

> Immer wieder kleine optische Retuschen, aber grundsätzlich war sich die Vespa Ciao auch im Modelljahrgang 1984 treu geblieben.

> »Grillo« nannte Piaggio seine vorletzte Neuschöpfung für den deutschen Mofamarkt. Die unsichtbare Cantilever-Federung unterstützt die klaren Designlinien.

> Die Super Bravo Automatik des Jahrgangs 1992. Zeittypische Farben, die kleine Lampenverkleidung und der lange Einzelsitz sollten die Jugend anlocken.

> Die Bravo in der Standardausführung der 90er Jahre kam ein wenig dezenter daher.

> Die Vespa Ciao blieb sich auch die 90er Jahre hindurch treu. Im Bild das Modell PX mit Druckgussrädern, aber auch das Speichenmodell P war weiterhin im Angebot.

> Die Vespa Si mit Cantilever-Federung (Bild) oder als Si »Monte Carlo« mit außenliegenden Federbeinen.

> Kurz vor Toresschluss brachte Piaggio Ende der 90er Jahre noch das Modell »Velofax« nach Deutschland.

Die Vespa-Modelle 1984–2000 in der Übersicht

Modell	Art	Motor	Leistung PS	Getriebe	Rahmen	Federung v/h	Angebot in D
Vespa Si Monte Carlo	Moped	Piaggio-Zweitakt	2	vollautom.	Pressstahl	Telegabel/Schwinge	1983–1996
Vespa Bravo P/RI	Mofa	Piaggio-Zweitakt	1,4	1-Gang-Aut.	Rohrrahmen	Telegabel/keine	1983–1993
Vespa SI Cantilever	Mofa	Piaggio-Zweitakt	1,4	1-Gang-Aut.	Pressstahl	Telegabel/Schwinge	1984–1994
Vespa Super Bravo	Mofa	Piaggio-Zweitakt	1,4	1-Gang-Aut.	Rohrrahmen	Telegabel/Schwinge	1985–1987
Vespa Bravo Moped	Moped	Piaggio-Zweitakt	2,7	vollautom.	Rohrrahmen	Telegabel/Schwinge	1986–1995
Vespa Bravo P/RI Spez.	Mofa	Piaggio-Zweitakt	1,4	1-Gang-Aut.	Rohrrahmen	Telegabel/Schwinge	1987–1988
Vespa Ciao PX Spez.	Mofa	Piaggio-Zweitakt	1,4	1-Gang-Aut.	Pressstahl	Schwinge/keine	1987–1988
Vespa SI Tutto Bianco	Mofa	Piaggio-Zweitakt	1,4	1-Gang-Aut.	Pressstahl	Telegabel/Schwinge	1987–1988
Vespa Super Bravo Autom.	Mofa	Piaggio-Zweitakt	1,4	1-Gang-Aut.	Rohrrahmen	Telegabel/Schwinge	1988–1996
Vespa Super Bravo 2-Gang	Mofa	Piaggio-Zweitakt	1,4	2-Gang-Hand	Rohrrahmen	Telegabel/Schwinge	1988–1992
Vespa Grillo	Mofa	Piaggio-Zweitakt	1,4	1-Gang-Aut.	Pressstahl	Schwinge/Schwinge	1989–1995
Vespa Bravo TM	Mofa	Piaggio-Zweitakt	1,4	1-Gang-Aut.	Rohrrahmen	Telegabel/Schwinge	1991–1995
Piaggio Velofax	Mofa	Piaggio-Zweitakt	1,6	1-Gang-Aut.	Pressstahl	Telegabel/Schwinge	1996–1999

Zanetti Motori

F.lli Patierno, eine nach dem Zweiten Weltkrieg eröffnete Reparaturwerkstatt für Fahr- und Motorräder in Apulia, war der Ausgangspunkt. Augusto Zanetti übernahm den Betrieb und gründete in den 1960er Jahren die Firma Zanetti Motori, die sich mit der Herstellung kleiner Zweitaktmotoren etwa für Motorsägen oder Rasenmäher beschäftigte. Mit der Übersiedlung nach Bologna begann das Geschäft zu florieren, und Zanetti erweiterte sein Programm um Mofa/Moped-Motoren, von denen einer ab Mitte der 1960er Jahre in einem skurrilen Gefährt namens »Bicizeta« werkelte. Besser gesagt über dessen Vorderrad, das der kleine, 0,7 PS leistende 50-cm^3-Zweitakter über eine Reibrolle antrieb. Der fahrradähnliche Rahmen war gänzlich ungefedert. Optisch noch hervorstechend und zum Gesamtbild beitragend war der im Lampengehäuse untergebrachte Tank.

Die Standex GmbH aus Alzenau versuchte, das Mofa in den Jahren 1971 und 1972 in Deutschland an den Mann oder besser die Frau zu bringen. Mit 398 D-Mark war es exakt so preiswert wie die Velosolex Standard aus Frankreich, die ihren Motor ebenfalls über dem Vorderrad trug.

> *1971/72 bot die Standex GmbH aus Alzenau dieses interessante Mofa an, das auf den Namen »Bicizeta« hörte und von der italienischen Firma Zanetti Motori gefertigt wurde.*

Weitere Hersteller aus Westeuropa

Batavus

Die niederländische Firma Batavus wurde 1904 gegründet. In den 1950er Jahren kamen die »Bromfietsen« in Holland groß in Mode; eine in Deutschland dem Moped entsprechende Fahrzeugklasse. Mit Pedalen, 50 cm³ Hubraum und maximal 40 km/h durften diese Maschinen in den Niederlanden alle Personen ab 16 Jahren führerscheinfrei fahren. Über diese Schiene entwickelte sich die Batavus Intercycle Corporation zum führenden Hersteller von Fahrrädern, Mofas und Mopeds in den Niederlanden der 1970er Jahre. In ihren produktivsten Zeiten hatte die Firma 33.000 Quadratmeter Produktionsfläche in Heerenveen. Rund 700 Mitarbeiter schraubten bis zu 70.000 Batavus-Mopeds und 250.000 Fahrräder im Jahr zusammen.

Batavus exportierte im Schnitt 55 Prozent seiner Produktion. Sehr viele Batavus-Mofas wurden unter der Bezeichnung »Starflite« an die deutschen Kaufhausketten Karstadt, Kaufhof und Horten sowie den Versandhändler Quelle geliefert.

In Holland galt Batavus als echte Premiummarke. In Deutschland jedoch musste man wegen der starken Konkurrenz der dortigen Hersteller oft über den Preis verkaufen.

Kaufhäuser und Versandhandel

Die Kaufhäuser Karstadt, Kaufhof, Hertie und Horten sowie der Versandhändler Quelle begannen schon Ende der 1960er Jahre mit dem Vertrieb der holländischen Mofas und Mopeds. Bei den Kaufhäusern

> *Erst mal sehen, was Quelle hat: Ein Stahlrohr-Tankrahmen-Mofa um 1970 herum, das unter der Eigenmarke »Privileg« angeboten wurde. »Anker Laura« auf dem Motordeckel weist auf den Hersteller Batavus hin.*

> Ein Pressstahl-Modell zu Beginn der 70er Jahre, jetzt schon unter der Bezeichnung »Starflite« angeboten.

> Die Starflite 40 in der Mopedversion ohne Hinterradfederung.

> Die Starflite 25 de Luxe mit Pressstahlrahmen, Telegabel und Schwinge gab es ab 1971 in Deutschland.

> *Ab 1972 setzte Batavus auch verchromte Schutzbleche ein und nannte dieses Modell jetzt Starflite V 25 …*

> *… oder VA 25, wenn zu der Telegabel noch eine Hinterradschwinge kam.*

> *»Mini-Starflite S 2« nannte Karstadt dieses Mofa mit Tankrohrrahmen und angedeuteter Telegabel, die aber keine war.*

> Das Moped V 40 blieb ohne Chrom, musste laut deutscher Zulassungsordnung aber einen Rückspiegel tragen.

> Auch das durfte natürlich nicht fehlen: Das 10-Zoll-Modell Starflite 25 City in der ersten Ausführung von 1972/73.

> Eine spätere Version des City-Modells, das bis 1979 von Karstadt angeboten wurde.

> *Die Tramp 25 Luxus oder VA mit Hinterradfederung und Edelstahlschutzblechen.*

> *Und natürlich gab es auch noch ein Bonanza-Mofa von Batavus. Bei Batavus bzw. Karstadt nannte sich das Mofa mit Highriser-Lenker und angedeuteter Rückenlehne »Bronco 25«.*

> *Oder »Bronco 25 Luxus« mit Hinterradfederung.*

> *Mit den Modellen »Tramp« und »Bronco« hatte sich Starflite vom Pressstahlrahmen verabschiedet. Im Bild die Tramp 25 oder auch VA 25.*

> *Mit neuer Antriebseinheit, ansonsten aber dem üblichen einfachen Finish, erschien 1976 mit dem Mofa »Swing« eine neue Starflite-Baureihe.*

> *Mit dem neuen Motor, Druckgussfelgen und einer Vierleuchten-Blinkanlage ersetzte die »Bronco GLS« die bisherigen Bronco-Typen.*

unter der Bezeichnung »Starflite«; Quelle versuchte es anfangs (bis 1972) noch mit der Eigenmarke »Privileg«. Da diese der vor allem jugendlichen Klientel zu brav und bieder erschien, stoppte man kurzerhand nicht nur den Namen für Mofas und Mopeds, sondern auch gleich den ganzen Vertrieb für Batavus-Modelle. Quelle konzentrierte sich ab 1973 vorerst fast ausschließlich auf die von Solo produzierten Mars-Typen.

Hertie wendete sich nach 1972 ebenfalls kurzzeitig von Batavus ab, um aber bald wieder unter dem gemeinsamen Dach der Kaufhäuser Karstadt, Kaufhof und Horten den Batavus-Starflite-Vertrieb bis 1979 fortzusetzen. Während Karstadt noch mit Fahrzeugen der Hersteller Kynast und Italjet weitermachte, waren die anderen Händler aus den Katalogen verschwunden. Angeboten wurde in diesem Jahrzehnt alles, was so auf dem Mofamarkt erwartet wurde. Einfache Pressstahl- oder Rohrrahmen-Modelle in verschiedenen Ausstattungen, sogenannte City-Bikes, und nicht zu vergessen die unvermeidlichen Minibikes auf 10-Zoll-Rädern. »Bronco«, »Swing«, »Tramp« oder einfach »City« waren einige Bezeichnungen in den Kaufhauskatalogen.

Nachzutragen bleibt, dass alle Starflite-Modelle ausschließlich mit Eingang-Automatiktriebwerk geliefert wurden.

> *Auch vom Modell Swing entstand mit dem Typ »40 Luxus« oder »VA 40« eine Mopedversion.*

Die Starflite-Modelle in der Übersicht							
Modell	**Art**	**Motor**	**Leistung PS**	**Getriebe**	**Rahmen**	**Federung v/h**	**Angebot in D**
Privileg Standard	Mofa	Batavus-Zweitakt	0,9	1-Gang-Aut.	Pressstahl	keine/keine	1968–1972
Privileg de Luxe	Mofa	Batavus-Zweitakt	0,9	1-Gang-Aut.	Pressstahl	Telegabel/keine	1968–1972
Starflite 25	Mofa	Batavus-Zweitakt	0,9	1-Gang-Aut.	Pressstahl	Telegabel/keine	1968–1972
Starflite 40	Moped	Batavus-Zweitakt	1,54	1-Gang-Aut.	Pressstahl	Telegabel/keine	1968–1972
Mini Starflite	Mofa	Batavus-Zweitakt	0,9	1-Gang-Aut.	Pressstahl	Telegabel/keine	1970–1972
Starflite 25 de Luxe	Mofa	Batavus-Zweitakt	0,9	1-Gang-Aut.	Pressstahl	Telegabel/Schwinge	1971–1972
Euromat-Laura (Hertie)	Mofa	Batavus-Zweitakt	0,9	1-Gang-Aut.	Pressstahl	Telegabel/keine	1971–1973
Mini Starflite S 2	Mofa	Batavus-Zweitakt	0,9	1-Gang-Aut.	Rohrrahmen	keine/keine	1972–1974
Starflite V 25	Mofa	Batavus-Zweitakt	0,9	1-Gang-Aut.	Pressstahl	Telegabel/keine	1972–1975
Starflite V A 25	Mofa	Batavus-Zweitakt	0,9	1-Gang-Aut.	Pressstahl	Telegabel/Schwinge	1972–1977
Starflite V 40	Moped	Batavus-Zweitakt	1,54	1-Gang-Aut.	Pressstahl	Telegabel/keine	1972–1974
Starflite 25 City	Mofa	Batavus-Zweitakt	0,9	1-Gang-Aut.	Rohrrahmen	Telegabel/Schwinge	1972–1979
Starflite Luxus 40	Moped	Batavus-Zweitakt	1,54	1-Gang-Aut.	Rohrrahmen	Telegabel/keine	1973–1977
Starflite Tramp 25	Mofa	Batavus-Zweitakt	0,98	1-Gang-Aut.	Rohrrahmen	Telegabel/keine	1974–1979
Starflite Bronco 25	Mofa	Batavus-Zweitakt	0,98	1-Gang-Aut.	Rohrrahmen	Telegabel/keine	1974–1977
Starflite Tramp 40	Moped	Batavus-Zweitakt	1,65	1-Gang-Aut.	Rohrrahmen	Telegabel/keine	1974–1976
Starflite Bronco 40	Moped	Batavus-Zweitakt	1,65	1-Gang-Aut.	Rohrrahmen	Telegabel/keine	1974–1976
Starflite Tramp 25 Luxus	Mofa	Batavus-Zweitakt	0,98	1-Gang-Aut.	Rohrrahmen	Telegabel/Schwinge	1975–1979
Starflite Tramp II 25	Mofa	Batavus-Zweitakt	0,98	1-Gang-Aut.	Rohrrahmen	Telegabel/keine	1975–1976
Starflite Tramp II 40	Moped	Batavus-Zweitakt	1,65	1-Gang-Aut.	Rohrrahmen	Telegabel/keine	1975–1976
Starflite VA 40 Luxus	Moped	Batavus-Zweitakt	1,65	1-Gang-Aut.	Pressstahl	Telegabel/Schwinge	1975–1977
Starflite Swing 25 Luxus	Mofa	Batavus-Zweitakt	1,4	1-Gang-Aut.	Rohrrahmen	Telegabel/Schwinge	1976–1979
Starflite Bronco 25 Luxus	Mofa	Batavus-Zweitakt	0,98	1-Gang-Aut.	Rohrrahmen	Telegabel/Schwinge	1976–1978
Starflite Tramp 40 Luxus	Moped	Batavus-Zweitakt	1,65	1-Gang-Aut.	Rohrrahmen	Telegabel/Schwinge	1976–1978
Starflite Swing 40 Luxus	Moped	Batavus-Zweitakt	1,9	1-Gang-Aut.	Rohrrahmen	Telegabel/Schwinge	1976–1979
Starflite Bronco 25 Gls	Mofa	Batavus-Zweitakt	1,4	1-Gang-Aut.	Rohrrahmen	Telegabel/Schwinge	1978–1979
Starflite Tramp 25 Junior	Mofa	Batavus-Zweitakt	0,7	1-Gang-Aut.	Rohrrahmen	Telegabel/keine	1978–1979

Batavus Deutschland

Parallel dazu gab es die deutsche Batavus in Ockenfelde am Rhein, über die die Fahrzeuge unter der Bezeichnung Batavus in Deutschland vertrieben wurden. Obwohl sich die Fahrzeuge von Karstadt und Co kaum oder wenig von den »originalen« Batavus-Maschinen unterschieden, wurde streng auf Marken- und Namenstrennung geachtet. Die Marke »Starflite« blieb den Waren- und Versandhäusern vorbehalten, die wiederum nicht mit der Marke Batavus werben durften, denn die »echten« Batavus-Maschinen wurden deutlich teurer angeboten. Namen waren hier »Go-Go«, »MOT-O-MAT«, »Pronto« oder »Bingo«. Zwar produzierte Batavus offiziell bis 1984 motorisierte Zweiräder, der Export nach Deutschland endete aber bereits im Jahr zuvor.

> *Batavus-Gesamtprospekt für Deutschland aus dem Jahr 1974.*

> Die GO-GO-Typen zog Batavus fast durchs ganze Jahrzehnt. Im Bild zwei VA 25 mit verchromten Schutzblechen von 1974.

> Die GO-GO-Mopeds waren stets komplett gefedert, das galt auch für das Modell VA 48.

> *1974 führte Batavus die Mofatypen »Bingo« ein. Wie üblich gab es wieder die Unterscheidung mit oder ohne Hinterradschwinge.*

> Mit der »Pronto«-Reihe führte Batavus 1976 einen neuen Motor mit Einkettenantrieb ein.

> 1977 kam mit der »Mot-o-Mat« das erste Batavus-Mofa mit Zweiganggetriebe und Einkettenantrieb auf den deutschen Markt.

> *Natürlich wollte auch Batavus bei den in Deutschland in Mode kommenden Sportmofas mitmischen. HS 50 nannte sich der Typ dann, der aber mit einem Eingang-Automatikgetriebe auskommen musste.*

> 1978 wurde das Pronto-Mofa noch einmal optisch und technisch (unter anderem mit Vierleuchten-Blinkanlage) als Pronto-S aufgewertet.

> Das Moped Starflite VA II mit Doppelsitzbank brachte für Batavus den Übergang in die 80er Jahre.

Die Batavus-Modelle in der Übersicht

Modell	Art	Motor	Leistung PS	Getriebe	Rahmen	Federung v/h	Angebot in D
Mini-Batavette S	Mofa	Batavus-Zweitakt	0,9	1-Gang-Aut.	Pressstahl	keine/keine	1969–1971
Mini-Batavette V	Mofa	Batavus-Zweitakt	0,9	1-Gang-Aut.	Pressstahl	Telegabel/keine	1969–1971
Mini-Batavette VA	Mofa	Batavus-Zweitakt	0,9	1-Gang-Aut.	Pressstahl	Telegabel/Schwinge	1969–1972
GO-GO	Mofa	Batavus-Zweitakt	0,9	1-Gang-Aut.	Rohrrahmen	Telegabel/keine	1971–1973
GO-GO 25	Mofa	Batavus-Zweitakt	0,9	1-Gang-Aut.	Rohrrahmen	Telegabel/Schwinge	1972–1973
GO-GO 40	Moped	Batavus-Zweitakt	1,8	1-Gang-Aut.	Rohrrahmen	Telegabel/Schwinge	1972–1973
GO-GO V 25	Mofa	Batavus-Zweitakt	1,5	1-Gang-Aut.	Rohrrahmen	Telegabel/keine	1973–1974
GO-GO VA 25	Mofa	Batavus-Zweitakt	1,5	1-Gang-Aut.	Rohrrahmen	Telegabel/Schwinge	1973–1978
GO-GO VA 48	Moped	Batavus-Zweitakt	1,7	1-Gang-Aut.	Rohrrahmen	Telegabel/Schwinge	1973–1977
Bingo V 25	Mofa	Batavus-Zweitakt	1,5	1-Gang-Aut.	Rohrrahmen	Telegabel/keine	1974–1980
Bingo VA 25	Mofa	Batavus-Zweitakt	1,5	1-Gang-Aut.	Rohrrahmen	Telegabel/Schwinge	1974–1980
Pronto VA 25	Mofa	Batavus-Zweitakt	1,7	1-Gang-Aut.	Rohrrahmen	Telegabel/Schwinge	1976–1979
Pronto VA 40	Moped	Batavus-Zweitakt	1,9	1-Gang-Aut.	Rohrrahmen	Telegabel/Schwinge	1976–1979
Batavus HS 50	Mofa	Batavus-Zweitakt	1,4	1-Gang-Aut.	Rohrrahmen	Telegabel/Schwinge	1977–1980
Mot-o-Mat	Mofa	Batavus-Zweitakt	1,5	2-Gang-Hand	Rohrrahmen	Telegabel/Schwinge	1977–1980
Pronto-S VA 25	Mofa	Batavus-Zweitakt	1,4	1-Gang-Aut.	Rohrrahmen	Telegabel/Schwinge	1978–1980
HS 60 VA 25	Mofa	Batavus-Zweitakt	1,5	2-Gang-Hand	Rohrrahmen	Telegabel/Schwinge	1978–1980
Batavette-S VA 25	Mofa	Batavus-Zweitakt	1,5	2-Gang-Hand	Rohrrahmen	Telegabel/Schwinge	1978–1984
Batavus Ascot 3	Mofa	Batavus-Zweitakt	1,4	1-Gang-Aut.	Rohrrahmen	Telegabel/Schwinge	1979–1981
Batavette A	Mofa	Batavus-Zweitakt	1,5	1-Gang-Aut.	Rohrrahmen	Telegabel/Schwinge	1981–1984
Grand Prix Tour	Mofa	Batavus-Zweitakt	1,5	2-Gang-Hand	Rohrrahmen	Telegabel/Schwinge	1981–1984
Grand Prix Race	Mofa	Batavus-Zweitakt	1,5	2-Gang-Hand	Rohrrahmen	Telegabel/Schwinge	1981–1984

Casal

Metalurgia Casal war der größte portugiesische Motorradhersteller mit Sitz in Aveiro. Er wurde 1964 mit João Casal als Geschäftsführer und ehemaligen Zündapp-Ingenieuren wie Robert Zipprich gegründet. Zu den ersten Produkten gehörten landwirtschaftliche Maschinen und Moped-Zweitaktmotoren auf Zündapp-Basis. Bis 1967 wurden komplette Motorräder hergestellt, aber vor allem Mopeds, die so manchem Zündapp-Modell sehr ähnlich sahen.

Neben den Mopeds produzierte Casal auch einige 125-cm³-Motorräder. Das Sortiment umfasste rund 30 Modelle mit Automatikmotoren, 2-Gang-, 4-Gang-, 5-Gang- und 6-Gang-Motoren. Obwohl der Hauptmarkt bei weitem der Inlandsmarkt war, exportierte das Unternehmen etwa zehn Prozent seiner Produktion nach Großbritannien, Dänemark, Schweden und in die Niederlande. Direktexporte von Mopeds oder Mofas nach Deutschland (einige Mokicks und Kleinkrafträder wurden sehr wohl angeboten) sind nicht bekannt. Es gab aber ein Joint Venture mit Solo in Malchingen. Die Solo-Kleinmotoren GmbH ließ zum einen Komponenten in Portugal montieren, um Kapazitätsengpässe zu beseitigen, aber auch, um die von Quelle geforderten Einkaufspreise der Mars-Typen realisieren zu können.

Da die gestiegene Kaufkraft in Portugal, dem wichtigsten Markt, den Verkauf von Mopeds verlangsamte, kam es im Februar 2000 zu einer Insolvenz.

> *Die portugiesische Firma Casal konnte attraktive Mofas wie die hier gezeigte »Mira Belle« bauen, nach Deutschland kamen diese aber offiziell nicht.*

Motobécane / Velosolex

Motobécane im nordfranzösischen St. Vincent stellte Motorräder, Mofas und nicht zuletzt Fahrräder her und war neben Peugeot einer der bekanntesten französischen Zweiradhersteller.

Bereits Ende 1946 verringerte Motobécane den Hubraum einer Vorkriegsmaschine auf 49 cm³. Das Modell »Mobylette« war geboren. Noch nicht sportlich ausgerichtet, aber bereit, sich in diese Richtung zu entwickeln, schien die »Poney« das zukünftige Segment jener Maschinen erstmalig zu definieren, die von Italien und Deutschland aus die Märkte überschwemmten. Dennoch wird der Name des Unternehmens auf ewig in erster Linie mit der Mobylette und ab 1974 der Velosolex verbunden bleiben, jenen kleinen zuverlässigen Alltagsmopeds, die während der fünfziger Jahre den französischen Markt beherrschten.

Bis in die 70er Jahre hinein wurden dann Mopeds und Kleinkrafträder produziert, die in Frankreich gekauft wurden, auf dem internationalen Markt aber kaum eine Chance hatten.

Anders sah das bei den Mofas aus. Hier spielte Motobécane mit den in Deutschland angebotenen Mobylette- und Velosolex-Modellen eine wichtige Rolle.

Einige Mofas von Motobécane waren für höhere Leistung ausgelegt, erhielten aber in Deutschland nur eine Betriebserlaubnis bis 25 km/h, um als Mofas zu gelten und ab 15 Jahren gefahren werden zu dürfen. Diese Fahrzeuge wurden für den deutschen Markt gedrosselt ausgeliefert, was der Lebensdauer der Motoren zugutekam – falls diese nicht frisiert wurden.

Nach dem Konkurs 1984 wurde die Firma von Yamaha gekauft und unter dem Namen M.B.K. Industrie weitergeführt.

> Die Mobylette-Typen begründeten den Erfolg der französischen Firma Motobécane. Im Bild die ab 1952 gebaute »Super Standard AV 33«.

> Die ab 1974 gebaute D 55 von Motobécane war zweifellos ein sehr sportliches Moped, für den deutschen Markt zu dieser Zeit aber kaum geeignet.

> Werbung in Italien 1973: Mopeds und Mofas wurden hier von Anfang an unter der Marke Motobécane angeboten.

Mobylette

Von 1949 an bis 1984 stellte Motobécane Mopeds und später auch Mofas mit der Bezeichnung Mobylette her.
Während Anfang der 1960er Jahre der Trend beim Moped im Allgemeinen zu immer motorradähnlicherem Charakter ging, beharrte man in Frankreich mit der Mobylette auf dem ursprünglichen, eher fahrradähnlichen Mopedkonzept. Die einfache und sehr preiswerte Konstruktion war seinerzeit sehr erfolgreich, allein im Jahr 1960 wurden mehr als 400 000 Exemplare der Mobylette produziert. Auch die späteren Mobylette-Mofas wurden in Stückzahlen gefertigt, die nicht einmal bei Simson oder Piaggio erreicht wurden (bis zu 4500 Mopeds pro Tag). Allein bis 1973 wurden mehr als 9 Millionen Mobylette gebaut. So richtig ging die Post dann in den 1970er Jahren ab, in denen sie meist in grellen Farben ausgeliefert wurden. Charakteristisch waren Hellgrün, Orange, Gelb und Mittelblau. In komfortabler Ausstattung verfügten die Fahrzeuge im Laufe des Jahrzehnts über viele Chromteile, Blinker und Rückspiegel sowie teilweise über Bremslicht und Vierleuchten-Blinkanlage.
Hervorzuheben ist noch die Motobécane-Vollautomatik (Moby-Matic genannt) der Moby- und Mini-Moby-Modelle, die zusätzlich über einen Drehmomentwandler verfügten, mit dem das Fahren dieser Mofas erst richtig zum Vergnügen wurde. Der Moby-Motor kuppelte automatisch ein und aus, je nach Stellung des Gasdrehgriffes am Lenker. Nichts Besonderes am Ende der 1960er Jahre, mag man denken, aber Motobécane hatte als erster Hersteller überhaupt schon um 1950 herum begonnen, Automatik-Mopeds zu bauen.
Die Alleinvertretung für die Bundesrepublik Deutschland und Westberlin hatte die Mobylette Fahrzeughandelsgesellschaft mbH in Bielefeld inne.

> *In den 1950er und 1960er Jahren war Motobécane der größte Hersteller motorisierter Zweiräder in Frankreich. Die Mobylette-Modelle hatten daran einen nicht geringen Anteil.*

> *Das Modell Mini Moby war um 1970 herum mit oder ohne Hinterradfederung, aber bereits mit einer Telegabel zu haben.*

> *Dic Mopedversion Mobylette AV 46 zu Beginn der 1970er Jahre.*

> *Mobylette M 1 PRTS – die Motobécane-Mofas warteten oft mit geringfügigen Unterschieden auf, die zu neuen Typenbezeichnungen führten. Man beachte hier die Schutzblechverkleidung hinten.*

> *Das Mofa N 150 L mit Vollausstattung inklusive Vierleuchten-Blinkanlage war ein Dauerbrenner im Motobécane-Programm.*

> *Ein interessanter Versuch, im Markt der Minimofas mitzumischen, war die Mobylette X 1. Die einzige Federung befand sich am Sattelrohr.*

> Das Modell X 7 führte in verschiedenen Ausstattungen die Minimofa-Reihe Mitte der 1970er Jahre fort.

Die Mobylette-Modelle in der Übersicht

Modell	Art	Motor	Leistung PS	Getriebe	Rahmen	Federung v/h	Angebot in D
Mini Moby M 1 PR	Mofa	Motobécane-Zweitakt	0,85	1-Gang-Aut.	Pressstahl-Rohr	keine/keine	1968–1971
Mini Moby M 1	Mofa	Motobécane-Zweitakt	0,85	1-Gang-Aut.	Pressstahl-Rohr	keine/keine	1968–1979
Mini Moby	Mofa	Motobécane-Zweitakt	0,85	1-Gang-Aut.	Pressstahl-Rohr	Telegabel/keine	1969–1971
Mini Moby	Mofa	Motobécane-Zweitakt	0,85	1-Gang-Aut.	Pressstahl-Rohr	Telegabel/Schwinge	1969–1971
Mobylette AV 59	Moped	Motobécane-Zweitakt	1,46	1-Gang-Aut.	Pressstahl	Telegabel/Schwinge	1968–1971
Mobylette M 1 PRT	Mofa	Motobécane-Zweitakt	0,85	1-Gang-Aut.	Pressstahl	Telegabel/keine	1968–1974
Mobylette AV 146	Mofa	Motobécane-Zweitakt	0,9	1-Gang-Aut.	Pressstahl	Telegabel/keine	1968–1971
Mobylette AV 46	Moped	Motobécane-Zweitakt	1,5	1-Gang-Aut.	Pressstahl	Telegabel/keine	1968–1971
Mobylette M 1-L	Mofa	Motobécane-Zweitakt	0,85	1-Gang-Aut.	Pressstahl	keine/keine	1968–1975
Mobylette M 1 PRTS	Mofa	Motobécane-Zweitakt	0,85	1-Gang-Aut.	Pressstahl	Telegabel/Schwinge	1971–1975
Mobylette 140 TL	Mofa	Motobécane-Zweitakt	1	1-Gang-Aut.	Pressstahl	Telegabel/keine	1971–1974
Moblette 40 TL	Moped	Motobécane-Zweitakt	1,5	1-Gang-Aut.	Pressstahl	Telegabel/keine	1971– 1974
Mobylette M 1 PRTD	Mofa	Motobécane-Zweitakt	1	1-Gang-Aut.	Pressstahl	Telegabel/keine	1972–1975
Mobylette N 150 L	Mofa	Motobécane-Zweitakt	1,4	1-Gang-Aut.	Pressstahl	Telegabel/Schwinge	1972–1979
Moblette 50 VL	Moped	Motobécane-Zweitakt	1,5	Vollautomat.	Pressstahl	Telegabel/Schwinge	1972– 1979
Mobylette X 1	Mofa	Motobécane-Zweitakt	1	1-Gang-Aut.	Pressstahl	keine/keine	1972–1975
Mobylette X 1-L	Mofa	Motobécane-Zweitakt	1	1-Gang-Aut.	Pressstahl	keine/keine	1973–1975
Mobylette N 140 TL	Mofa	Motobécane-Zweitakt	1,4	1-Gang-Aut.	Pressstahl	Telegabel/keine	1974–1979
Mobylette N 150 LC	Mofa	Motobécane-Zweitakt	1,4	1-Gang-Aut.	Pressstahl	Telegabel/Schwinge	1974–1979
Mobylette X 7-S	Mofa	Motobécane-Zweitakt	1,4	1-Gang-Aut.	Rohrrahmen	Telegabel/keine	1974–1976
Mobylette X 7-L	Mofa	Motobécane-Zweitakt	1,4	1-Gang-Aut.	Rohrrahmen	Telegabel/keine	1974–1976
Mobylette X 7-AL	Mofa	Motobécane-Zweitakt	1,4	1-Gang-Aut.	Rohrrahmen	Telegabel/Schwinge	1974–1976
Mobylette X 7-AS	Mofa	Motobécane-Zweitakt	1,4	1-Gang-Aut.	Rohrrahmen	Telegabel/Schwinge	1974–1976
Mobylette M 3 PRTD	Mofa	Motobécane-Zweitakt	1	1-Gang-Aut.	Pressstahl	Telegabel/keine	1975–1979
Mobylette M 3 PRTS	Mofa	Motobécane-Zweitakt	1	1-Gang-Aut.	Pressstahl	Telegabel/keine	1975–1979

Motobécane

Ab 1977 entfiel der Begriff Mobylette und wurde durch Motobécane ersetzt. Die hier vertretene Typenvielfalt, die sich in der Tabelle widerspiegelt, ist neben den klassischen Ausstattungsvarianten oft nur geringsten Modifikationen von einem Produktionsjahr zum nächsten geschuldet. Und tatsächlich kam es auch vor, dass Modelle umbenannt wurden, ohne dass an dem Fahrzeug selbst irgendetwas verändert worden war. Das galt auch für andere Hersteller wie etwa Batavus mit seinen Starflite-Typen (siehe vorangegangenes Kapitel).

> Spätestens mit der M-7-Baureihe war die Bezeichnung Mobylette vorerst Geschichte und die Mofas traten jetzt unter dem Namen des Mutterkonzerns Motobécane auf.

> Die Monty L hatte alles, was ein sportliches Mofa zu Beginn der 80er Jahre brauchte: Druckgussfelgen, Cockpit, offen liegende hintere Federbeine, Sitzbank und vor allem ein Dreiganggetriebe.

> Bei der Monty SP standen die beiden Buchstaben für Sport. Hier war der Durchstieg des Modells L mit einem 11-Liter-Tank überbrückt.

> Die Mofabaureihe 151 von Motobécane, ein klassisches Eingang-Automatik-Mofa der ersten Hälfte der 80er Jahre.

> *Das Modell 51 Super bestach mit »Chic und Charme made in France«, wie es in einem zeitgenössischen Prospekt hieß.*

> *Die Mofabaureihe M 11 mit Triebsatzschwinge war die letzte unter dem Firmenlogo Motobécane.*

Die Motobécane-Modelle in der Übersicht

Modell	Art	Motor	Leistung PS	Getriebe	Rahmen	Federung v/h	Angebot in D
50 VLC	Moped	Motobécane-Zweitakt	1,5	1-Gang-Aut.	Pressstahl	Telegabel/Schwinge	1976–1979
MB 3-V Monty	Mofa	Motobécane-Zweitakt	1,5	3-Gang-Hand	Rohrrahmen	Telegabel/Schwinge	1977–1980
M 7	Mofa	Motobécane-Zweitakt	1,4	1-Gang-Aut.	Rohrrahmen	Telegabel/keine	1978–1983
M 7 S	Mofa	Motobécane-Zweitakt	1,4	1-Gang-Aut.	Rohrrahmen	Telegabel/Schwinge	1978–1979
N 151 L	Mofa	Motobécane-Zweitakt	1	1-Gang-Aut.	Rohrrahmen	Telegabel/Schwinge	1978–1983
Monty L	Mofa	Motobécane-Zweitakt	1,5	3-Gang-Hand	Rohrrahmen	Telegabel/Schwinge	1978–1982
Monty SP	Mofa	Motobécane-Zweitakt	1,5	3-Gang-Hand	Rohrrahmen	Telegabel/Schwinge	1978–1983
M 7 SL	Mofa	Motobécane-Zweitakt	1,5	1-Gang-Aut.	Rohrrahmen	Telegabel/Schwinge	1979–1982
151 LB	Mofa	Motobécane-Zweitakt	1,4	1-Gang-Aut.	Pressstahl	Telegabel/Schwinge	1980–1983
151 LC	Mofa	Motobécane-Zweitakt	1,4	1-Gang-Aut.	Pressstahl	Telegabel/Schwinge	1980–1982
51 Super	Mofa	Motobécane-Zweitakt	1,4	1-Gang-Aut.	Pressstahl	Telegabel/Schwinge	1980–1983
M 25 Enduro	Mofa	Motobécane-Zweitakt	1,4	3-Gang-Hand	Rohrrahmen	Telegabel/Schwinge	1980–1983
M 11	Mofa	Motobécane-Zweitakt	1,4	1-Gang-Aut.	Rohrrahmen	Telegabel/Schwinge	1982–1984
Monty L2	Mofa	Motobécane-Zweitakt	1,5	3-Gang-Hand	Rohrrahmen	Telegabel/Schwinge	1982–1983
M 11 Contact	Mofa	Motobécane-Zweitakt	1,4	1-Gang-Aut.	Rohrrahmen	Telegabel/Schwinge	1983–1987
M 11 N	Mofa	Motobécane-Zweitakt	1,4	1-Gang-Aut.	Rohrrahmen	Telegabel/Schwinge	1984–1987
M 11 S	Mofa	Motobécane-Zweitakt	1,4	1-Gang-Aut.	Rohrrahmen	Telegabel/Schwinge	1984–197
M 11 NO	Mofa	Motobécane-Zweitakt	1,4	1-Gang-Aut.	Rohrrahmen	Telegabel/Schwinge	1984–1985
M 11 LC	Mofa	Motobécane-Zweitakt	1,4	1-Gang-Aut.	Rohrrahmen	Telegabel/Schwinge	1984–1985

MBK

1987 wurden die letzten Motobécane-Mofas in Deutschland angeboten. Unter der Regie von MBK konzentrierte man sich vorerst allein auf den Fahrradmarkt. Bis 1995. Dann versuchte MBK, im Zuge einer beginnenden Retrowelle zwei neue Mobylette-Mofas unters Volk zu bringen. Im 60er-Jahre-Look präsentierten die Franzosen die Modelle »Club« und »Collection«, unter anderem mit Weißwandreifen, Ledersattel und Chromscheinwerfer. Ein PS für den Motor musste ebenso reichen wie die Eingang-Automatik. Großen Zulauf schien das Mofa nicht zu haben, denn nach 1996 wurde es – zumindest in Deutschland – nicht mehr angeboten.

> *Unter der Bezeichnung »Mobylette Collection« bot MBK 1995 ein Retromofa an, das die guten alten Zeiten noch einmal beleben sollte.*

Velosolex

Schon Mitte der 60er Jahre war Solex stark im Mofageschäft unterwegs. Die Firma produzierte Ende des Jahrzehnts bereits 1800 Fahrzeuge täglich für das Inland und den Export. Anders als in Deutschland durften in Frankreich schon 14-jährige ohne Führerschein auf 50-cm³-Fahrzeuge steigen, die mit der sagenhaften Geschwindigkeit von maximal 50 km/h unterwegs waren. Entsprechend unterschieden sich die Modelle für das Inland gegenüber den Exportfahrzeugen, speziell jenen für Deutschland. Die französische Lockerheit bescherte den einheimischen Marken enorme Produktionszahlen. Bereits 1970 hatte Motobécane mit seiner Marke Mobylette neun Millionen Fahrzeuge gebaut, ein paar weniger waren es beim Konkurrenten Velosolex. Den Exportanteil abgezogen, tummelten sich zu Beginn der 70er Jahre mehr als sechs Millionen 50er auf Frankreichs Straßen, das war mehr als doppelt so viel wie in Deutschland. Und Peugeot, der bald größte Produzent von 50-cm³-Fahrzeugen in Frankreich, fing da erst an ...

Das Vélosolex war ein Mofa, das vom französischen Vergaserhersteller Solex entwickelt und von 1946 bis 1988 produziert wurde.
Das Fahrzeug hatte eine große Fangemeinde und wurde rund sechs Millionen Mal gebaut. Als Grund für diesen Erfolg gelten seine Einfachheit und Robustheit, der geringe Kraftstoffverbrauch von etwa

> Die Velosolex Standard in der Ausführung von 1970. Neben vielen besonderen Details faszinieren die Außenzughebel am Lenker.

> Ein nicht weniger skurriles Gefährt war die »Solex Flash«, die einem Metallbaukasten zu entstammen schien. Neben dem ungewöhnlichen Äußeren überraschten Gebläsekühlung, Kardanwelle und Scheibenbremse hinten.

> Die farbenfrohe Abwandlung der Standard-Velosolex wurde in Deutschland als Mofa 5000 angeboten.

> Aus dem Modell Flash wurde ab 1973 die Solex 6000 mit einer geringen Steigerung der Motorleistung.

...erstaunlich originell
VELOSOLEX
das lustige, schwarze Fahrrad mit Motor.
Velosolex hat Tugenden, die es seit Jahren erfolgreich und beliebt macht: Ausdauer, Sparsamkeit und gutes Handling. Da ist der Motor, der geräuscharm im 2-Takt-Rhythmus vollautomatisch ohne Schalten und Kuppeln dem Gegenwind den Wind aus den Segeln nimmt. Oder der hochgezogene Lenker, der komfortable Schwingsattel und die breiten Sicherheits-Ballonreifen, die gelassen die schlechtesten Wege und Straßen meistern lassen. Und da ist der lichtstarke Scheinwerfer, die Bremsen und ein ganz einfacher Griff, der aus dem leise tuckernden Motorfahrzeug ein pedalbetriebenes, 30 kg leichtes Fahrrad macht.
Georg Damm
Kraftfahrzeuge
Reparaturwerkstatt – Tankstelle
69 Heidelberg - Wieblingen
Neue Tel.-Nr. 81708
MOTOBECANE
Alleinvertrieb für Deutschland und Westberlin:
Deutsche MOTOBECANE GmbH · Aachener Straße 23 · 4800 Bielefeld 14
Telefon (05 21) 44 46 31/44 39 78 · Telex 9 37 316 moby d

1,4 Liter Normalbenzin-Zweitaktöl-Mischung auf 100 km, das geringe Gewicht von 28 kg und der Anschaffungspreis: Die letzten Serienexemplare in Deutschland kosteten 798 D-Mark, als Mofas deutscher Hersteller schon über 1500 DM kosteten. 1974 kam die zuvor eigenständige Marke Vélosolex unter die Fittiche von Motobécane, was zu einer sofortigen Reduzierung der Produktpalette führte. Und nachdem Motobécane wiederum 1983 von Yamaha übernommen worden war und die Verkaufszahlen zurückgingen, wurde die Produktion in Frankreich am 9. November 1988 eingestellt.

Beim klassischen Modell wurde das Vorderrad über eine Reibrolle angetrieben. Der Zweitaktmotor des meistverbreiteten Modells 3800 war klappbar an der Gabel befestigt, hatte einen Hubraum von 49 cm³ und beschleunigte das Fahrzeug ungedrosselt auf 30 bis 35 km/h.

Das Modell 3800 war, bis auf einige Sonderausführungen, ausschließlich im klassischen Schwarz erhältlich.

In den 90er Jahren versuchte die ungarische Firma AT Zweirad mit wenig Erfolg, das Modell 3800 noch einmal in Lizenz aufzulegen.

> In Frankreich nannten sie es »Tenor«, in Deutschland war es die Baureihe Solex 8000 in zwei Mofaausführungen und einer Mopedvariante.

< Ab 1974 unter dem gemeinsamen Dach mit Motobécane lief das Modell 3800 bald als einziger Velosolex-Typ noch bis 1988 von den Montagebändern.

Die Velosolex-Modelle in der Übersicht

Modell	Art	Motor	Leistung PS	Getriebe	Rahmen	Federung v/h	Angebot in D
Velosolex Standard	Mofa	Solex-Zweitakt	0,6	1-Gang-Aut.	Pressstahl	keine/keine	1965–1973
Solex Flash	Mofa	Solex-Zweitakt	0,7	1-Gang-Aut.	Pressstahl	Schwinge/keine	1968–1973
Velosolex 5000	Mofa	Solex-Zweitakt	0,6	1-Gang-Aut.	Pressstahl	keine/keine	1971–1979
Solex 6000	Mofa	Solex-Zweitakt	0,9	1-Gang-Aut.	Pressstahl	Schwinge/keine	1973–1975
Mofa 3800	Mofa	Solex-Zweitakt	0,6	1-Gang-Aut.	Pressstahl	keine/keine	1974–1988
Mofa 6000 ST.	Mofa	Solex-Zweitakt	0,9	1-Gang-Aut.	Pressstahl	keine/keine	1974–1975
Mofa 8000 R	Mofa	Solex-Zweitakt	1,5	1-Gang-Aut.	Pressstahl	Telegabel/keine	1974–1975
Mofa 8000 L	Mofa	Solex-Zweitakt	1,5	1-Gang-Aut.	Pressstahl	Telegabel/Schwinge	1974–1975
Moped 8000 S	Moped	Solex-Zweitakt	1,8	1-Gang-Aut.	Pressstahl	Telegabel/Schwinge	1974–1975

Peugeot

Der altehrwürdige französische Fahrrad- und Automobilproduzent Peugeot galt auch in Sachen Motorräder als Pionier, denn schon 1899 entstanden erste motorisierte Zweiräder.
Im Verlaufe der 1950er Jahre stellte Peugeot im Zuge der allgemeinen Motorradkrise die Fertigung echter Motorräder ein und konzentrierte sich fortan sehr erfolgreich auf den Moped- und Mofamarkt.
Mitte 1958 stellte Peugeot, damals drittgrößter Mopedhersteller Frankreichs, die BB 2 Sport vor. Wie das Vorgängermodell hatte dieses Moped einen Zweigangmotor aus eigener Entwicklung mit 2 PS, eine großzügige Verkleidung, aber einen etwas unförmigen Tank, der auf dem Oberrohr montiert war, sowie eine Sitzbank von Gauthier. Einziger Wermutstropfen waren die Pedale samt Fahrradkette und die Weißwandreifen. Die BB 2 verkaufte sich gut, und daran änderten auch die ersten italienischen Renner nichts, die von 1959 an ins Land rollten. 1960 wurde die Maschine zur BB 3 befördert, indem sie einen sehr willkommenen dritten Gang, einen verlängerten Auspuff und hintere Stoßdämpfer bekam. Gleichzeitig erhöhte sich die Leistung auf 2,5 PS. Danach folgte eine lange Pause.
1969 wurde aus der BB 3 die SP 3 mit flachem und die TS 3 mit hochgesetztem Lenker.

1970–1980

Erste richtige Mofas stellte Peugeot 1970 mit der Modellreihe 101 vor, die unzählig viele Varianten enthielt und im Verlaufe der 70er Jahre ständig mehr oder weniger großen Überarbeitungen unterworfen wurde. Die Erweiterung der Produktpalette um ein Pressstahl-Mofa führte 1973 zur Modellreihe 103, die sich ebenfalls unglaublicher Popularität erfreute und natürlich auch in verschiedenen Ausführungen angeboten wurde. Mit dem GT-Typ (später GL) hatte Peugeot ab 1974 auch ein City- oder Minibike im Programm, und auch ein Sportmofa (TSA) durfte nicht fehlen.

> *Ab Ende 1972 gab es mit der Modellreihe 103 auch ein Peugeot-Mofa mit Pressstahlrahmen. Hier das Modell 103 ML-D ohne Hinterradfederung.*

> Der 70er-Jahre-Klassiker von Peugeot schlechthin: Das Rohrrahmen-Mofa 101, hier in der Version MS-D mit Telegabel und Hinterradschwinge (man beachte die schräg nach hinten stehenden Federbeine).

> Auch Peugeot musste natürlich ein Minibike anbieten. GT 10-D nannte sich das und war in Deutschland nur als Moped mit Vollautomatik erhältlich.

> Und ohne ein Sportmofa ging es natürlich auch nicht. Das TSA-D mit kräftigem 1,5-PS-Zweitakter erschien 1976 in Deutschland.

> *Weiterentwicklung in der Modellreihe 101: Die KS-D von 1977.*

> *Aus dem Moped GT 10 wurde ab 1978 für den deutschen Markt das Minimofa GL 10.*

Die Peugeot-Modelle 1970–1980 in der Übersicht

Modell	Art	Motor	Leistung PS	Getriebe	Rahmen	Federung v/h	Angebot in D
101 MR-D	Mofa	Peugeot-Zweitakt	1	1-Gang-Aut.	Rohrrahmen	keine/keine	1970–1977
101 MT-D	Mofa	Peugeot-Zweitakt	1	1-Gang-Aut.	Rohrrahmen	Telegabel/keine	1970–1977
101 MS-D	Mofa	Peugeot-Zweitakt	1	1-Gang-Aut.	Rohrrahmen	Telegabel/Schwinge	1970–1977
103 ML-D	Mofa	Peugeot-Zweitakt	1	1-Gang-Aut.	Pressstahl	Telegabel/keine	1972–1976
103 MLS-D	Mofa	Peugeot-Zweitakt	1 / 1,4	1-Gang-Aut.	Pressstahl	Telegabel/Schwinge	1972–1987
102 MT-D	Moped	Peugeot-Zweitakt	1,25	1-Gang-Aut.	Rohrrahmen	Telegabel/keine	1970–1976
103 LVS-D	Moped	Peugeot-Zweitakt	1,5	Vollautomatik	Pressstahl	Telegabel/Schwinge	1972–1980
101 NMT-D	Mofa	Peugeot-Zweitakt	1	1-Gang-Aut.	Rohrrahmen	Telegabel/keine	1974–1978
102 MS-D	Moped	Peugeot-Zweitakt	1,25	1-Gang-Aut.	Pressstahl	Telegabel/Schwinge	1974–1977
GT 10 D	Moped	Peugeot-Zweitakt	1,6	Vollautomatik	Rohrrahmen	Telegabel/Schwinge	1974–1978
101 KT-D	Mofa	Peugeot-Zweitakt	1	1-Gang-Aut.	Rohrrahmen	Telegabel/keine	1976–1982
TSA-D	Mofa	Peugeot-Zweitakt	1,5	1-Gang-Aut.	Rohrrahmen	Telegabel/Schwinge	1976–1979
101 KR-D	Mofa	Peugeot-Zweitakt	1	1-Gang-Aut.	Pressstahl	keine/keine	1977–1983
101 KS-D	Mofa	Peugeot-Zweitakt	1	1-Gang-Aut.	Pressstahl	Telegabel/Schwinge	1977–1981
GL 10 D	Mofa	Peugeot-Zweitakt	1,5	1-Gang-Aut.	Rohrrahmen	Telegabel/Schwinge	1978–1980
103 SPM-D	Mofa	Peugeot-Zweitakt	1,5	1-Gang-Aut.	Pressstahl	Telegabel/Schwinge	1979–1982
TSAM-D	Mofa	Peugeot-Zweitakt	1,5	1-Gang-Aut.	Rohrrahmen	Telegabel/Schwinge	1979–1982

1981–1999

Zu Beginn der 80er Jahre setzte Peugeot neben den eigenen Triebwerken Motoren von Fichtel & Sachs ein, um in der bunten Angebotspalette auch Zweigang-Mofas anbieten zu können. Peugeot hatte es selbst nicht für nötig erachtet, ähnliche Konzepte zu entwickeln.

Mit der Modellreihe 105 startete Peugeot ab 1981 auch designmäßig in die 80er Jahre, die Maximalausstattung enthielt hier sogar einen Elektrostarter. Den besaß 1984 auch der Scoper 50, offiziell als Mofa geführt, wäre dieses Fahrzeug in früheren Zeiten als »Mopedroller« bezeichnet worden.

1999 setzte Peugeot den Schlusspunkt unter die Geschichte seiner Mofas in Deutschland, denn seit den 90er Jahren fuhr, wer sich unbedingt auf 25 km/h beschränken musste, eher Roller – hierzulande ebenso wie international. Daher stellte der französische Traditionshersteller nach drei Jahrzehnten Produktion und Vertrieb des letzten Zweitakt-Mofas ein, das eigentlich nur eine modernisierte Variante des alte Typs 103 darstellte. Das »Vogue« - immer noch im klassischen Mofa-Styling – kostete zuletzt 999 D-Mark. Hatte sich das Peugeot-Mofa zum Schluss rar gemacht, so galt das für die 2,7 PS starke Moped-Ausführung erst recht.

> *Zu Beginn der 80er Jahre erhielten alle Peugeot-Zylinder eine Nikasil-Beschichtung. Das Modell 101 SP-D war die sportliche Variante der Rohrrahmen-Mofas mit offenen Federelemnten.*

> Der Dauerläufer im Peugeot-Programm: Die 103 LSM-D von 1982. Als 103 VBS-D mit Spiegel und Sitzbank auch als Moped zu haben.

> 1982 kam die Modellreihe 105 neu ins Peugeot-Programm. Im Bild das Topmodell 105 DM-D mit elektrischem Anlasser. Dieses Modell war als Z2-D auch mit Zweigang-Handschaltung und Sachsmotor lieferbar.

> Das Sportmofa TSMR-D mit Vollautomatik (Drehmomentwandler) stand nur bis 1983 im Programm, danach gab Peugeot diese Mofabauart auf.

> *Optisch überarbeitet, technisch wenig Neues: Die beiden 103er-Peugeot-Modelle Ende der 80er Jahre.*

> *Die Fertigung des sportlichen Mofas 103 SPR-D endete 1989, das Modell 103 SP mit Cockpitverkleidung übernahm dessen Position.*

> *Mit der Voguc SMA beendete Peugeot 1999 sein Mofa-Engagement und konzentrierte sich fortan auf sein Roller-Programm.*

> Noch einmal ein wenig aufgehübscht, wurde aus dem Modell 103 ab 1989 die »Vogue« in den zwei Versionen mit Drahtspeichen und Druckgussrädern.

Die Peugeot-Modelle 1981–2000 in der Übersicht

Modell	Art	Motor	Leistung PS	Getriebe	Rahmen	Federung v/h	Angebot in D
TSMR-D	Mofa	Peugeot-Zweitakt	1,5	Vollautomatik	Rohrrahmen	Telegabel/Schwinge	1981–1983
101 SP-D	Mofa	Peugeot-Zweitakt	1	1-Gang-Aut.	Rohrrahmen	Telegabel/Schwinge	1981–1983
101 KSM-D	Mofa	Peugeot-Zweitakt	1	1-Gang-Aut.	Rohrrahmen	Telegabel/Schwinge	1981–1984
103 SPZ 2/D	Mofa	Sachs-Zweitakt	1,5	2-Gang-Hand	Pressstahl	Telegabel/Schwinge	1981–1984
103 VBS-D	Moped	Peugeot-Zweitakt	1,4	Vollautomatik	Pressstahl	Telegabel/Schwinge	1981–1986
105 Z 2/D	Mofa	Sachs-Zweitakt	1,5	2-Gang-Hand	Pressstahl	Telegabel/Schwinge	1981–1984
103 SPR-D	Mofa	Peugeot-Zweitakt	1,4	1-Gang-Aut.	Pressstahl	Telegabel/Schwinge	1982–1989
105 RM-D	Mofa	Peugeot-Zweitakt	1,4	1-Gang-Aut.	Pressstahl	Telegabel/Schwinge	1982–1983
105 DM-D	Mofa	Peugeot-Zweitakt	1,4	1-Gang-Aut.	Pressstahl	Telegabel/Schwinge	1982–1986
103 ME-D	Mofa	Peugeot-Zweitakt	1,4	1-Gang-Aut.	Pressstahl	Telegabel/Schwinge	1983–1985
Scoper V 50-D	Mofa	Peugeot-Zweitakt	1,4	1-Gang-Aut.	Rohrrahmen	Telegabel/Schwinge	1984–1987
103 Z-D	Mofa	Sachs-Zweitakt	1,4	1-Gang-Aut.	Pressstahl	Telegabel/Schwinge	1984–1987
103 ZS-D	Mofa	Sachs-Zweitakt	1,4	1-Gang-Aut.	Pressstahl	Telegabel/Schwinge	1986–1987
103 MTM-D	Mofa	Peugeot-Zweitakt	1,4	1-Gang-Aut.	Pressstahl	Telegabel/Schwinge	1987–1989
103 MSM-D	Mofa	Peugeot-Zweitakt	1,4	1-Gang-Aut.	Pressstahl	Telegabel/Schwinge	1987–1989
103 SPV-D	Moped	Peugeot-Zweitakt	2,7	1-Gang-Aut.	Pressstahl	Telegabel/Schwinge	1987–1988
Vogue T	Mofa	Peugeot-Zweitakt	1,4	1-Gang-Aut.	Pressstahl	Telegabel/Schwinge	1989–1992
Vogue S	Mofa	Peugeot-Zweitakt	1,4	1-Gang-Aut.	Pressstahl	Telegabel/Schwinge	1989–1992
103 SP	Mofa	Peugeot-Zweitakt	1,4	1-Gang-Aut.	Pressstahl	Telegabel/Schwinge	1989–1994
Vogue TA 2	Mofa	Peugeot-Zweitakt	1	1-Gang-Aut.	Pressstahl	Telegabel/Schwinge	1992–1995
Vogue SA 2	Mofa	Peugeot-Zweitakt	1	1-Gang-Aut.	Pressstahl	Telegabel/Schwinge	1992–1994
SP 3A	Mofa	Peugeot-Zweitakt	1	1-Gang-Aut.	Pressstahl	Telegabel/Schwinge	1994–1995
Fox 25 LA	Mofa	k. A.	1,4	1-Gang-Aut.	Pressstahl	Telegabel/Schwinge	1994–1998
Vogue SMA	Mofa	Peugeot-Zweitakt	1	1-Gang-Aut.	Pressstahl	Telegabel/Schwinge	1995–1999

MOTOS DE PORTUGAL

S. I. S.

Die portugisische Firma S.I.S. – Sociedade Irmãos Simões – wurde in den frühen 1950er Jahren mit zwei Fabriken in Sangalhos und Arcos gegründet. 1964 stieg die deutsche Fichtel & Sachs AG bei S.I.S. ein, um einerseits seine Motoren preiswerter herzustellen und andererseits komplette Zweitaktfahrzeuge für andere Marken (z. B. OSP, Rex, Tansini, usw.) zu produzieren. 1971 änderte sich der Firmenname in S.I.S. Sachs und man zog in eine neue Fabrik in Malaposta, Gemeinde Arcos, ein.

Das bekannteste Modell von S.I.S. war die SIS Sachs V 5, ein von 1965 bis in die 80er Jahre hinein in zahlreichen Versionen produziertes Kleinkraftrad.

Auf dem deutschen Markt wurden Fahrzeuge von S.I.S. durch die Supermarktkette Massa und deren Real-Fahrzeuge sowie die neugegründete Marke Horex bekannt.

> *1968 bot S.I.S. ein attraktives Programm an Mopeds für den inländischen Markt, aber auch für diverse Exportländer an. Das einfache Mofa »Asa d`Ouro« mit Eingang-Automatik machte den Anfang.*

> *Wie die »Minor GT« waren alle S.I.S.-Modelle mit Motoren von Fichtel & Sachs bestückt.*

> *Das Spitzenprodukt der frühen 70er Jahre war das Moped »Eko 70« mit Zweigang-Handschaltung.*

Horex

Von 1978 bis 1980 ließ sich Fritz Röth für seine Firma Zweirad-Röth in Hammelbach von den italienischen Firmen Villa und Testi diverse 50er Modelle nach eigenen Vorgaben bauen, die er als »Horex Rebell« verkaufte.

Die Namensrechte für die Marke Horex hatte sich Röth zuvor vom ehemaligen Horex-Eigner Fritz Kleemann gesichert.

1980 fing parallel zur italienischen Testi-Fertigung die Produktion von 50er und 80er Maschinen bei der Sachs-Tochter S.I.S. in Portugal an, für die dann auch ausschließlich Sachs-Motoren zum Einsatz kamen. Die Maschinen ähnelten sehr den späteren Real-Typen des Discounters Massa. Ab 1981 bot Röth nur noch die portugiesischen Modelle mit Sachs-Motor an. Nachdem das Geschäft nur noch Verluste eingebracht hatte, beendete Röth das Horex-Abenteuer 1988.

> *Das Horex Zweirad-Programm der Firma Röth in Hammelbach aus dem Jahre 1980.*

Real

Real war die Handelsmarke der Supermarktkette Massa in Alzey und versuchte ab Februar 1981 über seine Warenhäuser im boomenden 80er-Markt mitzumischen. Neben den Leichtkrafträdern waren auch Mofas und Mokicks in der reich bestückten Produktpalette zu finden, die in Italien beziehungsweise bei S.I.S. in Portugal entstanden.

Massa strich sein Zweiradprogramm 1986 allerdings schon wieder rigoros zusammen; zuletzt war nur noch das Mofa OK 25 S zu haben. 1989 beendete Massa seine Fahrzeugaktivitäten.

> *OK 25 S nannte sich das bis zuletzt von Massa-Real angebotene Mofa aus portugiesischer Produktion.*

Neckermann

Ab 1991 bediente sich der Neckermann-Versand der portugiesischen Firma, um noch ein letztes Mal mit zwei Mofas in den hart umkämpften deutschen Markt einzusteigen. Dabei bewarb man ausdrücklich die Tatsache, dass die Maschinen von Sachs-Motoren, als Qualitätstriebwerken angetrieben wurden. Die S.I.S. Saxy 1 und Saxi 2 unterschieden sich durch Eingang-Automatik oder Zweigang-Handschaltung sowie Drahtspeichen- oder Gussräder. 1993 endete diese Kooperation bereits wieder.

> *»Saxy« nannte Neckermann seine Anfang der 90er Jahre bei SIS gefertigten Mofas mit Sachs-Motor. Das Saxy 2 (Bild) wies eine Zweigang-Handschaltung und Druckgussfelgen auf.*

moped
JAWA
210
MOTOKOV
JAWA
Mofas aus Osteuropa

Jawa

In Westeuropa hatte sich Ende der 1960er Jahre also eine neue Fahrzeuggattung mit einem riesigen Umsatzpotenzial etabliert. Das »Mofa« stand für **Mo**tor**fa**hrrad und war ein den ersten Mopeds ähnliches Zweckfahrzeug mit fahrradähnlichem Fahrgestell, 50-cm^3-Eingang-Motor und einem zweiten Kettenantrieb mit Pedalen. Bei Jawa wollte man sich diesem Markt nicht länger verschließen und begann mit einer Mofaentwicklung, deren Serienfertigung dann im slowakischen Povážska Bystrica (wo die Jawa-Mopeds und der Manet-Roller gebaut wurden) stattfinden sollte. Im Frühjahr 1971 begann die Produktion des Modells 228, für das die Bezeichnung »Babetta« auch Markenname war, da Jawa nicht direkt mit dem Fahrzeug in Verbindung gebracht werden sollte. Was westdeutsche Importeure, allen voran Quelle, aber nicht hinderte, den zugkräftigen Markennamen Jawa für die tschechoslowakischen Mofas zu verwenden. Der erste Importeur für die tschechischen Maschinen war allerdings die Firma Eppstein in Frankfurt/Main, die noch das Modell 228 zu Beginn der 70er Jahre unter der Bezeichnung »Jawa Transistor« einführte, auch als Moped mit 2 PS und 40 km/h.

Besonders erfolgreich war das erste Mofa nicht, denn vor allem die 23-Zoll-Räder machten es unattraktiv. Aber der verbesserte Nachfolger stand schon in den Startlöchern.

Im Wesentlichen war es die Umrüstung auf 16-Zoll-Räder, die die Babetta sofort viel interessanter machte. Ansonsten blieb fast alles beim Alten, der Eingang-Motor mit Fliehkraftautomatik genauso wie der separate Pedaltrieb und der ins Rahmengefüge integrierte Tank. Jetzt begann die Babetta zum Verkaufsschlager zu werden; 18 000 Exemplare wurden 1974 allein in der Bundesrepublik verkauft, die Jahresproduktion belief sich auf 60 000 Einheiten. 1975 kam parallel zum Modell 206 der Typ 207 mit einer auf zwei Federbeinen gestützten Hinterradschwinge heraus. 1976 wurde die gesamte Babetta-Produktion exportiert, es gab spezielle Exportausführungen z. B. für die USA, die BRD, die Niederlande usw. Unterschiedliche Geschwindigkeitsbestimmungen, Designwünsche, elektrische Anlagen oder sogar Doppelsitzer ließen die Typen 207-200 bis 207-500 entstehen, die bis 1983 gebaut wurden.

1983 kam ein überarbeitetes Babetta-Modell auf den Markt – hauptsächlich auf den westeuropäischen und hier jetzt auch offiziell unter dem Markennamen Jawa. Neben dem moderneren Design, bei dem der aufgesetzte Tank hervorstach, war es vor allem die 2-Gang-Automatik, die das neue Mofa kennzeichnete, aber auch den Motor-Getriebeaufbau ziemlich kompliziert machte, weshalb einige Exportländer auch weiterhin die Eingang-Automatik mit Fliehkraftkupplung bevorzugten. Wieder gab es die verschiedensten Varianten, die Geschwindigkeiten von 25 bis 50 km/h ermöglichten. 1986 wurde die Mofaproduktion von Povážskà Bystrica nach Kolarovo, nahe der ungarischen Grenze, verlegt. Das ging natürlich nicht ohne Reibungsverluste ab, dennoch wurden zeitweise bis zu 100 000 Mofas pro Jahr hergestellt. Und das in den verschiedensten Varianten, die sich in den Typenbezeichnungen 210-008, 210-011 usw. niederschlugen.

Bis 1997 wurde die Babetta 210, mit geringen Änderungen als Modell 215, gebaut – nach der Teilung der ČSSR 1993 verblieb die Produktion der Jawa-Mofas in der Slowakei.

Und die Slowaken versuchten sich ab 1994 mit neuen Modellen wie dem Minimofa 134 mit Zehn-Zoll-Fahrwerk, das in verschiedenen Ausführungen bis 1998 in Deutschland angeboten wurde.

> Die Babetta 228 war die erste Antwort der tschechischen Marke Jawa auf den westeuropäischen Mofaboom. Bis auf die großen 23-Zoll-Räder war der Erstling durchaus gelungen.

> In der Weiterentwicklung war die Babetta 206 ab 1973 auf die jetzt üblichen 16-Zoll-Räder umgestellt worden.

> Mit Rückspiegel, 2 PS und 40 km/h waren alle Jawa-Mofas auch immer als Moped für den deutschen Markt lieferbar. Babetta 207/100 nannte Jawa das abgebildete Modell.

> Als Babetta 207 war das Jawa-Mofa ab 1973 auch mit einer Hinterradschwinge lieferbar.

> Die ab 1983 ausgelieferte Jawa Babetta 210 blieb ein Dauerläufer im Jawa-Programm und wurde bis 1997 in zahlreichen Varianten gebaut.

> Als Produzent der Jawa-Mofas versuchte sich das Manet-Werk in Považská Bystrica mit einem eigenen Fahrzeug mit dem alten Jawa-Motor zu profilieren, was Mitte der 90er Jahre aber nur bedingt gelang.

Die Jawa-Modelle in der Übersicht

Modell	Art	Motor	Leistung PS	Getriebe	Rahmen	Federung v/h	Angebot in D
Jawa Babetta 228	Mofa	Jawa-Zweitakt	1,5	1-Gang-Aut.	Rohrrahmen	Telegabel/keine	1971–1973
Jawa 40 Transistor	Moped	Jawa-Zweitakt	2	1-Gang-Aut.	Rohrrahmen	Telegabel/keine	1971–1973
Jawa Babetta 206	Mofa	Jawa-Zweitakt	1,5	1-Gang-Aut.	Rohrrahmen	Telegabel/keine	1973–1983
Jawa Babetta 207	Mofa	Jawa-Zweitakt	1,5	1-Gang-Aut.	Rohrrahmen	Telegabel/Schwinge	1973–1983
Jawa Babetta 207/100	Moped	Jawa-Zweitakt	2	1-Gang-Aut.	Rohrrahmen	Telegabel/Schwinge	1973–1983
Jawa Babetta 210	Mofa	Jawa-Zweitakt	1,5	1-Gang-Aut.	Rohrrahmen	Telegabel/Schwinge	1983–1997
Jawa Babetta 210	Mofa	Jawa-Zweitakt	1,5	2-Gang-Aut.	Rohrrahmen	Telegabel/Schwinge	1983–1997
Jawa Babetta 215	Mofa	Jawa-Zweitakt	1,5	2-Gang-Aut.	Rohrrahmen	Telegabel/Schwinge	1986–1996
Jawa Babetta 225	Moped	Jawa-Zweitakt	2,4	2-Gang-Aut.	Rohrrahmen	Telegabel/Schwinge	1994–1995
Babetta Star 134	Mofa	Jawa-Zweitakt	1,5	2-Gang-Aut.	Rohrrahmen	Telegabel/Schwinge	1994–1998

Romet Komar

Im Werk ZZR in Bydgoszcz (es war das sechste Werk in Polen, das motorisierte Zweiräder baute!) lief ab 1960 ein sehr einfaches Moped mit der Bezeichnung »Komar« (Mücke) vom Band. Ein einfacher Rohrrahmen, dünne Bleche, eine freistehende Lampe ohne Tacho, kurze Schwinghebel für das Vorderrad und der Verzicht auf eine Hinterradfederung machten dieses Moped zum billigsten motorisierten Fortbewegungsmittel Polens. In rascher Folge kamen meist nur leicht veränderte Modelle mit neuen Typennummern heraus. Auf den Typen 231 und 231 B in den Jahren 1962/63 basierend, folgte 1965 die Komar MR 232. Hier konnte ein überarbeiteter Motor je nach Bestimmung 1,4, 1,8 oder 2,2 PS leisten, was sich wiederum in die Typen 2320, 2321 und 2322 unterteilte. Eine geänderte Vorderradgabel, die in einen neuen Lampentopf mit Zündschloss und Tachometer überging, kennzeichnete dieses Modell äußerlich.

Die bis in die achtziger Jahre hinein gebaute Typenreihe der Komar-Mopeds ist unendlich lang, und meist unterschieden sich die verschiedenen Modellbezeichnungen nur in Nuancen. Deutliche Änderungen gab es ab 1969 beim Typ 2330, bei dem Pressstahlverbindungen in den Rohrrahmen integriert und eine Hinterradschwinge mit zwei Federbeinen verbaut wurden. Ein Jahr später ersetzte bei diesem Modell ein Kickstarter nebst Fußrasten den bisherigen Pedaltrieb. Auch die Hinterradbremse musste geändert werden, da der Rücktritt entfiel. Die Typenbezeichnung wechselte in 2350 oder auch Komar 3. Der Motor-Getriebe-Block mit 1,4 PS und Zweigang-Drehgriffschaltung blieb weitestgehend unverändert. Es gab auch eine Version (Typ 2328/2338) mit Eingang-Automatik (Fliehkraftkupplung) und 1,5-PS-Motor. Das Modell 3 blieb bis 1978 im Programm und war somit der am längsten gebaute Komar-Typ.

In der Bundesrepublik versuchte der Neckermannversand 1967/68, das Moped mit der Bezeichnung »Condor Rekord« zu Dumpingpreisen als Mofa 25 unters Volk zu bringen.

> 1967/68 versuchte der Neckermann-Versand mit wenig Erfolg das polnische Mofa »Komar MR 232« unter der Bezeichnung »Condor Rekord« in Deutschland zu etablieren.

> Der Typ 2350 oder Komar 3 markierte den polnischen Übergang vom Moped zum Mokick.

Riga

Die am meisten verbreiteten und bekanntesten sowjetischen Mopeds blieben diejenigen aus dem lettischen Riga, die im RMZ (Riga Motozykl Zavod) endmontiert wurden. Die Motoren, die aus älteren Jawa-Lizenzen hervorgegangen waren, wurden aus dem Werk Wajras, in der litauischen Stadt Siauliai liegend, zugeliefert.

Die Firma Delta aus Bergneustadt versuchte Riga-Typen als Mofa, Moped und Mokick mit verschiedensten Typenbezeichnungen in Deutschland zu etablieren, was weitestgehend fehlschlug.

Es begann 1974 mit dem Modell Riga 12, einem runderneuerten Fahrzeug, das auch westeuropäischen Standards genügen sollte. Für das neue Design hatten Industrieformgestalter der Technischen Hochschule Riga gesorgt. Farbenfroh in Szene gesetzt, machte das Ganze einen recht guten Eindruck. Es blieb aber immer noch bei der Einersitzbank, für die maximal möglichen 2,2 PS völlig ausreichend. Drehgriffschaltung und Zweigang-Getriebe waren zwar nicht mehr der neueste Stand, im Billigsegment aber immer noch akzeptabel.

Von 1978 bis 1984 lief das Modell Riga 16 als direkter Nachfolger der Riga 12 vom Band und als Delta-Modell in den bundesdeutschen Motorrad-Katalog. Äußerlich hatte sich nicht allzu viel geändert, und auch die Motorleistung blieb bei maximal 2,2 PS. Das galt auch für das ab 1982 eingeführte verbesserte Modell Riga 22, das mit neuen Leuchten und neuem Auspuff ein wenig moderner aussah. Außerdem kam hier erstmals in der sowjetischen Mopedfertigung eine kontaktlose elektronische Zündung zum Einsatz.

Schon seit den siebziger Jahren experimentierten die Rigaer an einem Mini-Bike. 1984 erschien dann das erste Modell als »Riga 26« oder »Riga Mini«, dessen Triebwerk aus dem Mokick Riga 22 stammte. Als verbesserte Version wurde die kleine Maschine ab 1986 als Riga 30 verkauft. Allen Modellen waren die 10-Zoll-Räder und der für diese Fahrzeuggattung übliche Hochlenker zu eigen. Die Minimofas blieben die letzten sowjetischen Modelle, die man auf dem deutschen Markt zu platzieren versuchte. Die undurchsichtige Modellpolitik der Importeure lässt eine einigermaßen strukturierte Auflistung in Tabellenform an dieser Stelle leider nicht zu.

> Mit dem Modell »Riga 12« startete die Demm-Delta Vertriebsgesellschaft aus Bergneustadt 1974 den Import sowjetischer Fünfziger, ohne jedoch deren Herkunft tatsächlich zu benennen.

> Die »Riga 16«, die in Deutschland weiterhin nur »Delta« hieß, wurde als Moped- oder Mokickversion bis 1984 gebaut.

> Zu guter Letzt kam auch noch ein Minimofa aus Riga, deren Zeit war 1984 in Westeuropa aber schon fast vorbei.

Tomos

In der jugoslawischen Grenzregion zu Italien, genauer gesagt im slowenischen Koper, einer Hafenstadt in der Nähe von Triest, wurde 1954 die Motorradfabrik Tovarna Motornih Vozil (ursprünglich: Tovarna motornih koles Sežana), kurz Tomos, gegründet. Der Vielvölkerstaat Jugoslawien, zu dem Slowenien damals gehörte, offiziell sozialistisch, aber nicht am Gängelband der Sowjetunion hängend, wollte Arbeitsplätze schaffen, das Volk mobilisieren und auch den kurzen Weg nach Italien für devisenbringende Exporte nutzen.

Die Zweiradfertigung begann mit der Lizenznahme des erfolgreichen Puch-Zweigangmopeds MS 50, das bei Tomos als »Colibri« in einigen Variationen weit über 100.000 Mal gebaut und stetig weiterentwickelt wurde. Seit 1966 wurden Tomos-Zweiräder auch in einer Fabrik in Epe (Niederlande) montiert. Zum 1. Dezember 2009 wurde die Produktion in Epe eingestellt und in das slowenische Stammwerk rückverlagert.

Ab 1971 begann sich Tomos mehr und mehr von den Puch-Lizenzen zu verabschieden und entwickelte bald eigene 50-cm³-Motoren mit fünf oder sogar sechs Getriebegängen.

1968 führte Jugoslawien die Steuer- und Führerscheinpflicht für die 50er ein, was – wie anderswo auch – zunächst einen Einbruch der Verkaufszahlen im eigenen Land zur Folge hatte. Aber die Exportbeziehungen waren inzwischen so stark, dass der Rückgang des Inlandabsatzes kompensiert werden konnte. Vom einfachen Automatik-Mofa bis zum Kleinkraftrad Cross 50 Junior mit 7,5 PS war Tomos in den 70ern breit aufgestellt und mischte auch in der Schnapsglas-Klasse des Motorrad-Grand-Prix kräftig mit.

1970–1983

Auf den deutschen Markt kamen Tomos-Fahrzeuge zunächst mit angezogener Handbremse ab 1971, importiert von der Standex GmbH im unterfränkischen Alzenau. Hier setzte man die gut ausgestatteten Zweiräder mit Telegabel und Hinterradschwinge ins mittlere Preissegment, oberhalb der italienischen Zanetti-Mofas.

Später übernahm die Deutsche Puch GmbH den Versuch, Tomos-Mofas in Deutschland zu platzieren, da die Antriebstechnologie bei beiden Marken noch einige Zeit gleichblieb. Der Dauerbrenner durch die 70er Jahre hindurch war das Modell Automatic 3 mit Pressstahl-Tankrahmen und Zweigang-Automatik. Mit seinen 2 PS eigentlich als Moped im europäischen Raum angeboten, ist die Angebotslage damals in Deutschland nicht klar zu definieren. Als 3 K gab es das Modell auch mit Kickstarter.

1984–2000

Nach 1978 sah und hörte man vorerst nichts mehr von Tomos, ehe die Marke ab 1984 furios auf den deutschen Markt zurückkehrte. A 3 nannte sich das erste Modell, das jetzt von einem eigenen Motor angetrieben wurde und weiterhin über eine Zweigang-Automatik verfügte.

> *Die »Automatic 3« mit Puch-Motor und Zweigang-Automatik war der Dauerläufer im Tomos-Programm. Im Bild die Ausgabe von 1973.*

> *Mit dem Modell A 3 kehrte Tomos nach einigen Jahren Abstinenz auf den deutschen Markt zurück. Die Zweitaktmotoren mit Zweigang-Automatik stellte Tomos jetzt nach Puch-Vorbild selbst her.*

Im Laufe der Jahre wurde die A-3-Reihe mit diversen Modellvarianten ausgebaut, wobei erst zu Beginn der 90er Jahre auch ein preiswerteres Eingang-Automatikmofa dazukam. In Deutschland liefen die Maschinen unter der Bezeichnung »Quadro 25«.

Mit einem komplett neuen Mofaprogramm – alle Maschinen jetzt mit Fußrasten und Kickstarter – startete Tomos 1999 unter der Regie des Autoteile-Zulieferers A.T.U./Weiden in Deutschland neu durch. Die »Flexer 25« blieb in den Jahren danach eines der wenigen noch echten Mofas auf dem deutschen Markt.

> Die »Quadro 25« war das deutsche Tomos-Modell der 90er Jahre. Quadro stand für die Vierleuchten-Blinkanlage.

> »Flexer 25« hieß das letzte vor der Jahrtausendwende in Deutschland angebotene Tomos-Mofa. Es blieb mehr als ein Jahrzehnt im Programm der slowenischen Firma.

Die Tomos-Modelle in der Übersicht

Modell	Art	Motor	Leistung PS	Getriebe	Rahmen	Federung v/h	Angebot in D
Tomos Mofa	Mofa	Puch-Zweitakt	0,9	1-Gang-Aut.	Rohrrahmen	Telegabel/Schwinge	1971–1973
Tomos Automatic 3	Moped	Puch-Zweitakt	2	2-Gang-Aut.	Pressstahl	Telegabel/Schwinge	1973–1978
Tomos A 3	Mofa	Tomos-Zweitakt	1,4	2-Gang-Aut.	Pressstahl	Telegabel/Schwinge	1984–1998
Tomos Quadro 25	Mofa	Tomos Zweitakt	1,5	1-Gang-Aut.	Pressstahl	Telegabel/Schwinge	1992–1998
Tomos Quadro 25	Mofa	Tomos-Zweitakt	1,5	2-Gang-Aut.	Pressstahl	Telegabel/Schwinge	1992–1998
Tomos Flexer	Mofa	Tomos-Zweitakt	1,4	2-Gang-Aut.	Rohrrahmen	Telegabel/Schwinge	1999–2000

Die Japaner kommen

Honda

Bei den richtigen Motorädern hatten die großen japanischen Hersteller seit Beginn der 70er Jahre längst die Weltherrschaft übernommen. Bei den 50ern taten sie sich dagegen anfangs schwer, Kawasaki verzichtete in den 70ern von vornherein auf dieses Segment, und Suzuki hatte mit Mofas und Mopeds nichts am Hut.

Honda war schon seit Ende der 1960er Jahre mit der in Offenbach-Rumpenheim ansässigen Honda Trading GmbH auf dem deutschen Markt aktiv und bot hier zunächst das Mofa P 50 an. Ein besonderes, allerdings auch etwas antiquiertes Fahrzeug mit Pressstahl-Rahmen, Kurzschwinge am Vorderrad und einem links am Hinterrad montierten Viertaktmotor.

»Eine Monkey macht überall und jederzeit Riesen-Spaß«, schwärmte der Prospekt. Ursprünglich als Kinderattraktion für den Honda-eigenen Familien- und Freizeitpark geschaffen, kam der kleine Affe dort so tierisch gut an, dass er Ausgang erhielt und per Schiff Anfang der 70er Jahre in die USA und als Moped Monkey Z 50 auch nach Deutschland reisen durfte. Er breitete sich mit nahezu affenartiger Geschwindigkeit aus und wurde hier schnell heimisch.

Das kofferraumgroße Minibike verfügte über den auch in der Dax verbauten Viertaktmotor. Die Kraftübertragung erfolgte per Halbautomatik; um einen der drei Gänge einlegen zu können, genügte es, beim Schaltvorgang vom Gas zu gehen.

Das 1,7 PS starke Minibike verfügte lediglich über eine gefederte Vorderradgabel. Das Hinterrad war weder gedämpft noch gefedert, was verschiedentlich zu Rahmenbrüchen im Heckbereich führen sollte. Ab 1973 lief die Monkey in Deutschland als Mokick durch die Kataloge.

Die Camino-Baureihe

Zum Modelljahr 1977, also im Herbst 1976, schickte Honda seine Mofabaureihe »Camino« (interner Code PA) ins Rennen, die im Hon-

> *Die etwas andere P 50 war das erste Honda-Mofa auf deutschen Straßen – allerdings in sehr homöopathischen Dosen.*

> *Honda war bekannt für seine skurrilen 50er - die Monkey Z 50 (hier schon in der Mokickversion) war eine dieser Erscheinungen, die zum Muster für andere Hersteller wurden.*

da-Zweigwerk Aalst/Belgien gefertigt wurde. Die Sparversion »Camino L«, 848 D-Mark teuer, hatte weder Blinker noch Bremsleuchte und lediglich eine Fahrstufe. Wer 120 Märker draufpackte, erhielt das LC-Modell, immerhin schon mit Blinker und Bremslicht. Das Camino VL entsprach dem 50 D-Mark günstigeren L-Modell, wies aber eine Zweistufen-Automatik auf, während die VLC-Version für 1018 D-Mark mit der LC-Beleuchtungsanlage aufwarten konnte. Das Camino VLC gab es darüber hinaus, wenn auch nur kurzzeitig, in 40 km/h schneller Mopedvariante.

Ende 1978 ergänzte Honda seine Mofapalette um die »Young Camino«-Versionen L und VLC. Beide Camino-Neuheiten unterschieden sich von ihren bereits auf dem Markt befindlichen Pendants durch die »sportliche Sitzbank« (Honda-Werbung). Noch etwas motorradmäßiger gerieten die beiden Young Camino de Luxe, die ab Sommer 1979 gegen Hercules, Zündapp und Kreidler antraten. Die teuersten Camino (1298 beziehungsweise 1348 D-Mark) hatten, neben der Sitzbank, einen runden Scheinwerfer mit separat montiertem Tacho und Gußräder im Look der Kreidler-Konkurrenz.

Allen Caminos gemeinsam war der membrangesteuerte Einzylinder-Zweitaktmotor mit Keilriemenantrieb zum Hinterrad und 1,5 PS Leistung. Das Tankvolumen betrug 3,2 Liter Zweitakt-Gemisch.

> *Mit der in Belgien gebauten Camino-Reihe startete Honda Ende 1976 auf dem deutschen Markt richtig durch. Die einfache Camino L blieb dabei 13 Jahre lang im Honda-Programm.*

> *Vollausstattung: Die ab 1979 angebotene Camino VLC de Luxe, unter anderem mit vollautomatischer Kupplung und Vierleuchten-Blinkanlage.*

> *Die Sporttypen mit Sitzbank lösten 1982 die Young-Caminos ab. Die Sport VLC war hier das Topmodell, wieder mit Vollautomatik und Blinkanlage.*

Die Honda-Modelle 1967–1979 in der Übersicht

Modell	Art	Motor	Leistung PS	Getriebe	Rahmen	Federung v/h	Angebot in D
Honda P 50	Mofa	Honda-Viertakt	0,8	1-Gang-Aut.	Pressstahl	Schwinge/keine	1967–1971
Monkey Z 50	Moped	Honda-Viertakt	1,7	3-Gang-Aut.	Rohrrahmen	Telegabel/keine	1971–1973
Camino L	Mofa	Honda-Zweitakt	1,5	1-Gang-Aut.	Rohrrahmen	Telegabel/Schwinge	1976–1988
Camino LC	Mofa	Honda-Zweitakt	1,5	1-Gang-Aut.	Rohrrahmen	Telegabel/Schwinge	1976–1979
Camino VL	Mofa	Honda-Zweitakt	1,5	1-Gang-Aut.	Rohrrahmen	Telegabel/Schwinge	1976–1982
Camino VLC	Mofa	Honda-Zweitakt	1,5	1-Gang-Aut.	Rohrrahmen	Telegabel/Schwinge	1976–1982
Young Camino VLC de Luxe	Mofa	Honda-Zweitakt	1,5	Vollautom.	Rohrrahmen	Telegabel/Schwinge	1979–1981
Young Camino LC de Luxe	Mofa	Honda-Zweitakt	1,5	1-Gang-Aut.	Rohrrahmen	Telegabel/Schwinge	1979–1981
Young Camino VLC	Mofa	Honda-Zweitakt	1,5	Vollautom.	Rohrrahmen	Telegabel/Schwinge	1979–1981
Young Camino L	Mofa	Honda-Zweitakt	1,5	1-Gang-Aut.	Rohrrahmen	Telegabel/Schwinge	1979–1981
Camino VLC de Luxe	Mofa	Honda-Zweitakt	1,5	Vollautom.	Rohrrahmen	Telegabel/Schwinge	1979–1982
Camino LC de Luxe	Mofa	Honda-Zweitakt	1,5	1-Gang-Aut.	Rohrrahmen	Telegabel/Schwinge	1979–1981
Camino VL de Luxe	Mofa	Honda-Zweitakt	1,5	Vollautom.	Rohrrahmen	Telegabel/Schwinge	1979–1981
Young Camino L de Luxe	Mofa	Honda-Zweitakt	1,5	1-Gang-Aut.	Rohrrahmen	Telegabel/Schwinge	1979–1981

Honda-Mofas in den 80er und 90er Jahren

Und dieses Zweitakt-Gemisch wurde ab 1981 im neuen Modell PX 50 E per Getrenntschmierung zusammengefügt. Außerdem verfügte dieser Typ als erstes Mofa überhaupt über einen Elektrostarter.

Zu Beginn der 80er Jahre wurden im belgischen Honda-Werk täglich rund 300 Mofas gefertigt. Nach 1980 wurde die Typenvielfalt allerdings stark eingeschränkt. Die Young-Baureihe wurde sehr schnell von den Sport-Caminos ersetzt, ohne dass sich Wesentliches geändert hätte. Bis auf die Camino L waren alle Honda-Mofas ab 1983 mit einer Vollautomatik mit Drehmomentwandler ausgerüstet.

Zum Ende der 80er Jahre hin zog sich Honda mehr und mehr aus dem Mofageschäft zurück. 1987 standen mit den Typen PXR 50 und Camino L nur noch zwei Modelle in Deutschland im Angebot. Und zwei Jahre später war nur noch die PXR 50 übriggeblieben.

Fast drei Jahre lang war dann überhaupt kein Honda-Mofa mehr in Deutschland erhältlich, ehe das rollerähnliche, stark verkleidete Modell PK 50 Wallaroo mit Triebsatzschwinge im 1995er Motorradkatalog auftauchte und gleichzeitig den Schlusspunkt unter die Honda-Mofaproduktion setzte.

> Mit der PX 50 E brachte Honda 1981 einen echten Meilenstein auf den internationalen Mofamarkt.

> PXL 50 nannte Honda sein erstes Mofa mit rollerähnlichem Design, Vollautomatik und Triebsatzschwinge.

> Am hochgesetzten vorderen Kotflügel sollte wohl das Enduro-Mofa erkennbar sein: Die PXR 50 mit Triebsatzschwinge und Zentralfederbein.

> Wo es ein Enduro-Mofa gibt, muss es auch ein Chopper-Modell geben: Die Camino Chopper. (Foto: Nils Geylen, Wikipedia)

> Die PK 50 Wallaroo folgte auf die PXL 50 und war das letzte in Deutschland angebotene Honda-Mofa. (Foto: Motorencyclopedie.nl)

Die Honda-Modelle 1981–1997 in der Übersicht							
Modell	**Art**	**Motor**	**Leistung PS**	**Getriebe**	**Rahmen**	**Federung v/h**	**Angebot in D**
PX 50 E	Mofa	Honda-Zweitakt	1,5	1-Gang-Aut.	Rohrrahmen	Telegabel/Schwinge	1981–1986
Camino Sport VL	Mofa	Honda-Zweitakt	1,5	Vollautom.	Rohrrahmen	Telegabel/Schwinge	1982–1983
Camino Sport VLC	Mofa	Honda-Zweitakt	1,5	Vollautom.	Rohrrahmen	Telegabel/Schwinge	1982–1986
PXL 50	Mofa	Honda-Zweitakt	1,5	Vollautom.	Rohrrahmen	Telegabel/Schwinge	1983–1984
Camino VL / VLC	Mofa	Honda-Zweitakt	1,5	Vollautom.	Rohrrahmen	Telegabel/Schwinge	1982–1983
Camino DX VLC	Mofa	Honda-Zweitakt	1,5	Vollautom.	Rohrrahmen	Telegabel/Schwinge	1982–1983
Camino DX VL	Mofa	Honda-Zweitakt	1,5	Vollautom.	Rohrrahmen	Telegabel/Schwinge	1983–1983
Camino Chopper	Mofa	Honda-Zweitakt	1,5	Vollautom.	Rohrrahmen	Telegabel/Schwinge	1982–1985
PXR 50	Mofa	Honda-Zweitakt	1,5	Vollautom.	Rohrrahmen	Telegabel/Schwinge	1984–1992
PA 50 L	Mofa	Honda-Zweitakt	1,5	1-Gang-Aut.	Rohrrahmen	Telegabel/Schwinge	1987–1989
PK 50 Wallaroo	Mofa	Honda-Zweitakt	1,2	Vollautom.	Rohrrahmen	Telegabel/Schwinge	1994–1997

Yamaha

Yamaha, die Marke, die sich immer etwas kultivierter und dezenter gab – praktisch der Robert Palmer unter den vier großen japanischen Motorrad-Herstellern – war schon in der 1960er Jahren bei der Fertigung von 50-cm³-Maschinen dabei, stieg aber offiziell erst 1984 in die Mofaproduktion ein.

Aber was heißt schon offiziell? Yamaha vertrieb in einigen Ländern Westeuropas – ausdrücklich nicht in Deutschland – von etwa 1979 bis 1989 ein Mofa mit der Bezeichnung »Yamy ME 50«. In offiziellen Yamaha-Statistiken taucht das Fahrzeug nicht auf, möglicherweise, weil es sich um eine französische Fremdfertigung (MBK), angetrieben von einem italienischen Minarelli-Motor mit Eingang-Automatik, handelte. Vor allem in den mofaverrückten Ländern Frankreich, Holland und der Schweiz fand das Mofa eine relativ große Verbreitung, nur wenige Fahrzeuge verirrten sich indirekt nach Deutschland. Optisch veränderte sich die Yamy in ihren rund zehn Jahren Bauzeit kaum, sieht man von einer kleinen Lampenverkleidung und verschiedenen Sitzgelegenheiten ab.

Echt Yamaha-like wurde es dann aber doch noch in Sachen Mofa.

Die möglicherweise unsinnigste aller Mofa-Entwicklungen erschien Anfang der 80er Jahre, als der Mofaboom seinen Zenit eigentlich schon überschritten hatte. Es blieb Yamaha vorbehalten, einen Schlusspunkt unter diese Ära zu setzen. Das erste und einzige »offizielle« Mofa der Marke tauchte nur in den Preislisten des Jahres 1984 und einem bereits im Jahr zuvor gedruckten Prospekt auf. Es erinnerte an Hondas Young-Camino-Baureihe und bediente auch dieselbe Zielgruppe. Das flott aussehende Mofa trug die weißrotblaue Livree der größeren RD-Modelle, Stollenreifen und eine schräg nach oben auslaufende Auspuffanlage. Mit 1,4 PS und Eingang-Automatik erfüllte die kleinste Yamaha die Grundbedürfnisse motorisierter Fortbewegung – wahlweise mit oder ohne der zu dieser Zeit üblichen Blinkanlage. Einzigartig aber blieb die »SG 50 Sting« wegen ihres Antriebs zum Hinterrad, denn der erfolgte per Kardanwelle. Für dieses technische Highlight rief Yamaha knapp 1600 D-Mark auf – das war nicht einmal Versandhaus-Niveau. Doch das Mofa blieb kaum zwei Jahre im Programm und verschwand so still und unbemerkt, wie es auch erschienen war.

> *Die große Unbekannte: Etwa zwischen 1979 und 1989 gab es von Yamaha das Mofa »Yamy« (ME 50) in verschiedenen Ausführungen. Angeboten wurde es in diversen westeuropäischen Ländern, war in Deutschland aber nicht offiziell erhältlich.*

> Die SG 50 »Sting« war Mitte der 80er Jahre das einzige in Deutschland angebotene Yamaha-Mofa. Drei verschiedene Farben standen zur Auswahl, ebenso wahlweise eine Vierleuchten-Blinkanalage.

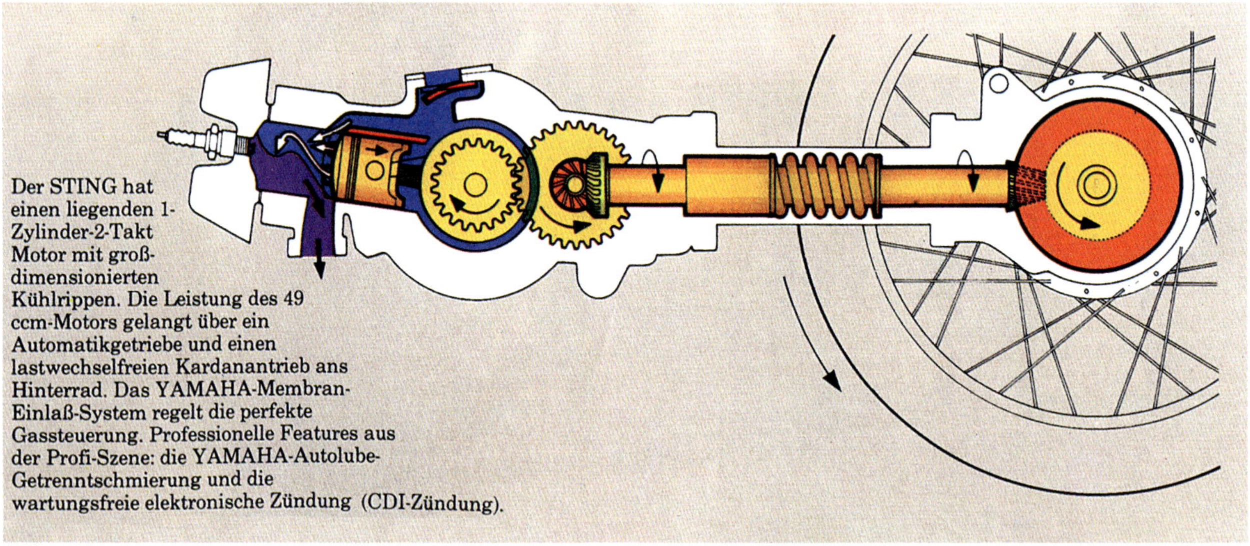

> Der Kardanantrieb machte die Yamaha Sting zu einem besonderen Mofa auf dem riesigen deutschen Markt.

yamy
YAMAHA

Preise und Statistiken

Mofapreise

Die nachfolgenden Tabellen sollen einerseits einen Überblick darüber verschaffen, welche Preisspannen zwischen den billigsten und den teuersten Modellen eines Jahrgangs lagen, und andererseits darüber, welche teils enormen Preissteigerungen einzelne Modelle im Laufe ihrer Bauzeit erfuhren. Hierin lag auch der Grund, Preise in den Übersichtstabellen der einzelnen Marken nicht zu berücksichtigen. 1971 kostete beispielsweise eine Velosolex 365 D-Mark und 15 Jahre später, nahezu unverändert, 857 D-Mark. Eine Steigerung um 135 Prozent! Oder auf der anderen Seite, bei den teuersten Modellen, war eine Zündapp 434-02 im Jahre 1970 für 908 D-Mark zu haben, sechs Jahre später waren es 1.410 D-Mark – das entsprach einer Steigerung von 55 Prozent. Inflation war nicht erst heute!

Neben der Velosolex führt oft ein Jawa-Modell auf ähnlichem Preisniveau die Spalte der billigsten Modelle an. Aber: Im Gegensatz zum französischen Einfachstmofa waren die Jawas gut ausgestattete und gut verarbeitete Fahrzeuge, die, würden sie westeuropäischen Produktionen entstammen, wesentlich teurer wären. Die osteuropäische Jagd nach Devisen um jeden Preis war Ursache für diese regelrechten Dumping-Geschäfte.

Am anderen Ende der Preisskala stehen erwartungsgemäß Modelle der großen deutschen Hersteller, aber in den 80er und 90er Jahren eben die Mehrgang-Sportmofas von Malaguti oder Kosmos, die man zwar immer in den Katalogen fand, selten aber auf deutschen Straßen sah.

> *Zwischen »preiswert« und »mittelpreisig« würden sich oft die Starflite-Modelle der Kauf- und Versandhäuser einfinden.*

> *Die tschechischen, später slowakischen Jawa-Modelle waren über die Jahrzehnte hinweg meist die billigsten Angebote in der Bundesrepublik – Billigfahrzeuge waren sie deshalb aber keineswegs.*

> *Man nehme einen Motor, der Hubräume von 50 bis 125 cm³, drei bis sechs Getriebegänge und Geschwindigkeiten von 25 bis über 100 km/h zulässt und kann so anderthalb Jahrzehnte lang das teuerste Mofa in Deutschland anbieten: Die Kosmos KSR 50 Enduro.*

Ausgewählte Mofapreise 1970–1979			
Jahr	**Das Billigste**	**Das Preiswerte**	**Das Mittelpreisige**
1970	Neckermann Super Mosquito, DM 329,-	Honda P 50, DM 498,-	Vespa Ciao L, DM 589,-
1971	Velosolex, DM 365,-	Mobylette M 1 PR, DM 485,-	Mini-Batavetta VA, DM 578,75
1972	Quelle Privileg Standard, DM 398,-	Moto Guzzi Trotter 25, DM 498,-	Solo Mofa 705, DM 598,29
1973	Jawa 25 Transistor, DM 398,-	Neckermann Europed Standard 2000, DM 498,-	Peugeot 101 MS-D, DM 624,-
1974	Jawa 25 Transistor, DM 398,-	Velosolex 5000, DM 489,-	Karstadt Starflite 25 Luxus, DM 625,-
1975	Moto Guzzi Troter, DM 349,-	Hertie Mofa Tramp, DM 499,-	Quelle Mars Luxus 25, DM 619,-
1976	Karstadt Tramp II 25, DM 498,-	Neckermann Europed 25, DM 529,-	Vespa Bravo L, DM 670,-
1977	Quelle Jawa 25, DM 498,-	Velosolex Mofa 3800, DM 559,-	Mobylette M 3-PRTD, DM 725,-
1978	Hertie Starflite Tramp V 25, DM 598,-	Peugeot 101 KR-D, DM 645,-	Batavus Bingo V 25, DM 808,-
1979	Quelle Jawa 25, DM 659,-	Neckermann Europed 25 L, DM 775,-	Honda Camino L, DM 858,-

Ausgewählte Mofapreise 1980–1989			
Jahr	**Das Billigste**	**Das Preiswerte**	**Das Mittelpreisige**
1980	Velosolex 3800, DM 625,-	Neckermann Europed 25 L, DM 825,-	Demm Smily Junior, DM 930,-
1981	Quelle Jawa 25, DM 698,-	Quelle Mars Komfort 25, DM 898,-	Karstadt Condor K 874, DM 998,-
1982	Velosolex 3800, DM 766,-	Real OK 25, DM 998,-	SWM VP 1N, DM 1.298,-
1983	Peugeot 101 KR-D, DM 800,-	Puch Maxi N, DM 1.099,-	Garelli Europed 25 NLX, DM 1.398,-
1984	Jawa 25, DM 793,-	Quelle Solo Super Luxus, DM 1.199,-	Yamaha SG 50 Sting, DM 1.595,-
1985	Velosolex 3800, DM 822,-	Tomos A 3, DM 1.250,-	Gilera ec 1, DM 1.595,-
1986	Velosolex 3800, DM 857,-	KTM 505 N, DM 1.249,-	Vespa Bravo P/RI, DM 1.640,-
1987	Jawa 215 A, DM 899,-	Motobécane M 11 S, DM 1.206,-	KTM Foxi KJ 2-Gang, DM 1.699,-
1988	Velosolex 3800, DM 930,-	Puch Maxi S, DM 999,-	Hercules Prima 3 S; DM 1.749
1989	Jawa 215 A 2, DM 984,-	Peugeot 103 MTM-D, DM 1.175,-	Solo 713 SL 2, DM 1.512,-

Das Teure	Das Teuerste
Kreidler MF 4, DM 705,-	Zündapp 434-02 L 1, DM 908,-
Rixe Libelle D, DM 704,85	Zündapp 434-02 L 1, DM 995,-
Hercules MF 2, DM 690,-	DKW 121, DM 925,-
Göricke 625, DM 688,20	Zündapp 434-02 L 1, DM 1.085,-
Hertie City Bike, DM 735,-	Peugeot L1 25, DM 1.130,-
Peugeot MLS-D, DM 723,-	Zündapp 434-02 L 1, DM 1.274,-
Hercules M 1, 825,-	Zündapp 434-02 Mofa 25, DM 1.410,-
Motograziella 25, DM 875,-	Kreidler MF 13, DM 1.559,-
Motobécane N 150 L, DM 985,-	Kreidler MF SL, DM 1.745,-
Goebel Z 21, DM 1.115,-	Kreidler Flory 23, DM 1.890,-

Das Teure	Das Teuerste
Puch Maxi Sport, DM 1.590,-	Malaguti Ronco 21, DM 2.184,-
Horex Mofa 25, DM 1.780,-	Malaguti Choper 25, DM 2.889,-
Rixe R 503, DM 1.948,-	Malaguti Choper 25, DM 2.889,-
KTM SW 25, DM 2.299,-	Malaguti Ronco 25 de Luxe, DM 2.839,-
Zündapp CS 25, DM 2.598,-	Malaguti Ronco RCW, DM 3.390,-
Rixe R 503 Blinkanlage, DM 2.742,-	Malaguti Ronco Sahib, DM 3.989,-
Hercules Prima GT, DM 2.798,-	Kosmos KSR 50 MOS, DM 3.598,-
Puch Racing 25, DM 2.835,-	Kosmos KSR 50 MOS, DM 3.598,-
KTM Bora 25, DM 2.935,	Kosmos KSR 50 MOS, DM 3.698,-
Hercules Prima GT, DM 3.099,-	Kosmos KSR 50 MOS, DM 3.698,-

Produktion, Import, Export

Anhand von Produktions- und Importzahlen lässt sich speziell für den Mofamarkt in Deutschland sehr gut nachvollziehen, wie sich das Interesse in der Käuferschaft entwickelt hat. Aber auch, wie sich beispielsweise die Pleiten von Kreidler (1981/82) und Zündapp (1984) auf die Inlandsproduktion und den Export bei Mofas und Mopeds ausgewirkt haben.

1977 waren Inlandsproduktion und Import von Mofas auf dem Höhepunkt angelangt, danach ging es stetig bergab, 1980 zusätzlich von der Einführung eines Führerscheins befeuert.

Für den deutschen Export spielten Mofas keine Rolle, denn das Mofa 25 war eine rein deutsche Erfindung nirgends auf der Welt gab es eine so niedrige Geschwindigkeitsbegrenzung. Aber hier kommen nun die Mopeds ins Spiel. Obwohl hierzulande im Verlaufe der 70er Jahre kaum noch nachgefragt, blieben die Produktionszahlen recht konstant. Denn ein großer Teil der Inlandsproduktion - gerade der bekannten Marken Hercules, Kreidler und Zündapp - ging ins Ausland. Dass die Exportzahlen für Mopeds nahe an der Inlandsproduktion lagen, war der deutschen Statistik geschuldet. Nicht jedes Fahrzeug, das als Moped das Land verließ, war auch als solches gebaut und gemeldet worden. Viele Export-Mopeds waren als Mofa in die deutsche Produktionsstatistik eingegangen, mit den jeweiligen Bestimmungen des Exportlandes (Geschwindigkeit, Beleuchtungsanlage, Getriebe usw.), dann aber als Moped ausgeführt worden.

Ausgewählte Mofapreise 1990–2000			
Jahr	Das Billigste	Das Preiswerte	Das Mittelpreisige
1990	Jawa 215 A 2, DM 984,-	Peugeot Vogue T, DM 1.320,-	KTM Foxi Automatik, DM 1.739,-
1991	Jawa 215 A 2, DM 984,-	Neckermann Solo 712 SL 1, DM 1.387,-	Quelle Mars Mofa 25, DM 2.198,-
1992	Jawa 215 A 2 Lux, DM 1.275,-	Vespa Ciao P, DM 1.495,-	Hercules Prima 5, DM 2.329,-
1993	Jawa 215 A 2 Lux, DM 1.290,-	Peugeot Vogue TA 2, DM 1.615,-	Neckermann Sachs SIS Saxi 1, DM 2.398,-
1994	Jawa 215 A 2 Lux, DM 1.360,-	Vespa Ciao P, DM 1.625,-	Puch P 1 L 2-Gang, DM 2.350,-
1995	Jawa 215 A 2 Lux, DM 1.360,-	Peugeot Vogue TA 2, DM 1.630,-	Puch P1 L Automatik, DM 2.450,-
1996	Babetta Star 134, DM 1.399,-	MBK Mobylette Club, DM 1.670,-	Atala Master LF, DM 2.498,-
1997	Babetta 134, DM 1.449,-	Peugeot Vogue, DM 1.750,-	Neckermann Mini-Tokaido, DM 2.498,-
1998	Babetta 134, DM 1.449,-	Tomos Quadro 25, DM 1.980,-	Sachs Prima 2, DM 2.295,-
1999	Babetta 213, DM 1.395,-	Piaggio Ciao P, DM 1.850,-	Piaggio Ciao Mix, DM 2.195,-
2000	Babetta 213, DM 1.395,-	Tomos Flexer, DM 1.695,-	Kosmos KSR 50 Mo2 Enduro, DM 2.198,-

Jahr	Mofa-Produktion in Deutschland	Mofa-Import	Mofa-Export
1968	38.392	49.000	kein
1969	62.154	75.200	kein
1970	74.756	56.808	kein
1971	100.533	116.905	k. A.
1972	126.156	111.611	8.174
1973	126.526	143.439	10.657
1974	148.088	153.204	kein
1975	128.087	165,680	kein
1976	170.943	136.429	kein
1977	218.435	169.000	k. A.
1978	188.819	152.208	2.340
1979	164.577	144.777	4.122
1980	149.091	120.320	2.413
1981	82.112	73.723	918
1982	72.282	44.340	1.224
1983	61.439	57.539	1.115
1984	52.222	46.149	664
1985	40 000	k. A.	k. A.

Das Teure	Das Teuerste
KTM SM 25 L, DM 3.299,-	Kosmos KSR 50 MOS, DM 3.998,-
Hercules Prima GT, DM 3.449,-	Kosmos KSR 50 MOS, DM 4.198,-
KTM Bora SM 25 L, DM 3.449,-	Kosmos KSR 50 MOS, DM 4.198,-
Hercules Prima GT, DM 3.698,-	Kosmos KSR 50 MO 3 E Enduro, DM 3.898,-
Hercules Prima GT, DM 3.799,-	Kosmos KSR 50 MO 3 E Enduro, DM 3.998,-
Quelle Solo 745 Diabolo, DM 2999,-	Kosmos KSR 50 MO 3 E Enduro, DM 3.898,-
Simson Habicht 25, DM 3.253,-	Kosmos KSR 50 MO 3 E Enduro, DM 3.898,-
Simson Habicht 25, DM 3.225,-	Kosmos KSR 50 MO 3 E Enduro, DM 3.898,-
Simson Habicht 25, DM 3.295,-	Kosmos KSR 50 MO 3 E Enduro, DM 3.898,-
Simson Sperber Beach Racer 25, DM 3.225,-	Kosmos KSR 50 MO 3 E Enduro, DM 3.898,-
Simson Habicht 25, DM 3.325,-	Kosmos KSR 50 MO 3 E Enduro, DM 3.898,-

Jahr	Moped-Produktion in Deutschland	Moped-Import	Moped-Export
1968	51.032	k. A.	49.968
1969	67.345	k. A.	64.062
1970	69.315	k. A.	54.600
1971	69.456	18.505	48.324
1972	59.453	18.245	43.893
1973	75.729	9.135	45.962
1974	58.696	8.619	43.850
1975	66.505	7.450	39.982
1976	44.986	6.792	37.942
1977	k. A.	k. A.	k. A.
1978	37.503	3.891	33.516
1979	40.518	9.174	34.657
1980	54.751	5.585	52.395
1981	20.440	2.413	29.101
1982	8.322	1.956	11.106
1983	k. A.	822	12.520
1984	k. A.	870	9.774